「脳化社会」の子どもたちに未来はあるのか

虫捕る子だけが生き残る

養老孟司／池田清彦／奥本大三郎

Yourou Takeshi ／ Ikeda Kiyohiko ／ Okumoto Daizaburou

小学館

101

新書

まえがき

小学生のころから虫ばかり捕ってきた。虫捕りに興味がない人は、何で虫捕りがそんなに面白いのか訝《いぶか》しむに違いない。頭の中に「昆虫採集」や「昆虫収集」という概念がない人には、虫捕りの面白さは永久にわからないのだと思う他はない。

「貨幣」という概念がない原始人に、お札やコインを見せても、何でこんなものが大切なのか訝しむはずだ。もちろん、この人たちがお札やコインを物体として認識できないわけではない。お札は丈夫な葉っぱのようなものであり、コインは形の整った鉱物だと思うであろう。虫捕りに全く興味を示さない現代人も、物体としての虫を認識していることは間違いないが、この人たちにとっての虫は、たとえて言えば、丈夫な葉っぱとしてのお札と同じなのではないかと思う。

すべからく価値は物自体に宿るのではなく、我々がそれらを見る視点にある。虫などに全く興味がない人でも、一ドル札と百ドル札の違いは瞭然だろうが、原始人には、一ドル札も五ドル札も五十ドル札も百ドル札も同じに見えるに違いない。ちょうど、虫捕りに全く興味がない現代人が、虫はすべて同じ虫に見えるのと同じように。

では、お札と虫は同じなのか、と問われれば、実は全く別物だと応える他はない。お札は人工物だが、虫は自然物だからである。自然物とは何か。それは我々がコントロールできない何物かである。

虫には、捕る、集める、調べるという少しずつ異なる三つの楽しみがある。人工物は基本的に捕ることができない。ほとんどは誰かのものだからである。それに対し虫は無主物である。捕ったら捕った人のものである。たとえ、道に落ちているお金であっても、無条件で拾った人のものとは言えないだろう。

私が虫捕りが好きなのはまず第一にこの故なのであり、権力が虫捕りを忌み嫌うのもまさにこの故なのである。好コントロール装置である権力は、この世界に無主物が存在するという考えが、そもそも気に入らないのであろう。最近では二酸化炭素でさえ商取引の対象になっているのは周知のことである。

集めるという楽しみは、現代人には一番理解されやすい楽しみかもしれない。古切手や古道具からクラシックカーまで、物を集めている人はたくさんいる。その点では虫集めもさして違わないが、異なるのは時々いかなるカタログにも載ってないものが出現することである。世界に一点しかない古切手はバカ高い値段であろうが、世界初の虫であろうと自分で捕ればタダである。

最後の調べるはどうだろう。人工物を調べても、真の意味での発見ということはないが、自然物には常に発見という希望がある。世界に生息する虫の、少なくとも七〇〜八〇パーセントは未記載種といわれているので、発見の喜びを味わおうと思うなら、虫を調べるのが一番である。

そして、何が一番ステキかというと、これら三つの楽しみを味わうのに、お金はほとんどかからないことだ。お金だけ使って、頭とカラダを全く使わない遊びと違って、虫捕りは、お金は不要なかわりに、頭と体だけはイヤというほど使う。権力が虫捕りを忌み嫌う、第二の理由がここにある。お金が全くかからない究極の楽しみがあるという話は、おそらく権力の琴線に抵触するのだろう。

虫捕りには、創造性、忍耐力、反骨精神などを養う、すべての要素が詰まっている。もし、あなたが、あなたのお子さんの人生を楽しく、有意義なものにしたいと願っているのなら、是非、「昆虫採集」と「昆虫収集」を薦めたらよいと思う（あなたではもう遅い）。金持ちになるかどうかは保証の限りではないが、幸せになることだけは約束しようではないか。

池田清彦

二〇〇八年十一月十日

虫捕る子だけが生き残る ◉ 目次

編集／土田みき・深水 央
（株式会社ＤＥＣＯ）

第一章

虫も殺さぬ子が人を殺す——虫の世界から見た教育論

昆虫少年は絶滅危惧種

奥本 夏休みになれば、昔は誰でも虫捕りをしましたね。

池田 僕らが子どもの頃は、本当にそうだった。

養老 最近は、虫捕りをする子が減っていますね。

奥本 ずいぶん少なくなった。だいたい、公園でセミが鳴いていても、セミ捕りをしている子を見かけないもの。捕ろうとすると嫌な目で見る大人がいたりして。

池田 虫も減ったよね。

養老 虫も減ったけれど、虫を捕る子どもはもっと減った。

奥本 絶滅寸前でしょう。昆虫少年はレッドデータブックに載せるべきです。でも、おかしいのは、昆虫少年は絶滅危惧種だけど、バーチャルな虫は流行っていることですね。

池田 『ムシキング』なんて、大人気なんだから。

養老 バーチャルな虫は虫じゃねえ（笑）。

奥本 そこが問題。ゲームと虫捕りは根本的に違うんです。

池田 しかも、最近の小学校は夏休みに昆虫採集の宿題を出さない。そういうガイドラインが文部科学省から出ているらしいんです。虫を殺しちゃいけないというわけ。

奥本　だから、今流行っているのはセミの抜け殻収集ですよ。これは、殺さないからね。どこにセミの抜け殻がいちばん多かったかとか、環境調査みたいなことをしている。だけどこれは学問に擬態した作業であって、虫捕りじゃないですよ。子どもだって、抜け殻の数を数えたりして、楽しいのかな。先生に言われなきゃ絶対やりませんよ、そんなこと。

養老　子どもには、虫捕りをさせなくちゃ。

奥本　頭とカンと体を使って、生きた虫を相手に闘って、それを捕る。捕ったら今度は自分の目でよく見て、文献を調べる。これが科学の第一歩になるんです。本を読むことや文章を書くことにもつながるし、標本作りは手先の器用さを養うことにもなる。今はそういうことを一つひとつ説明して、子どもに虫捕りをさせるためには、まず母親を説得しなきゃいけない。虫捕りをしている子を見て「自然破壊だ！」と言う人もいるから。

池田　最近のお母さんは、子どもに虫を捕らせないからね。

養老　だいたい母親自身が虫が嫌いだもの。おのずと子どももそうなるよ。

奥本　虫捕りより、お母さんがもっと嫌うのは虫を飼うこと。面倒なことは嫌なんだね。女の子も小さいときは上手に虫を育てるのに。家が汚れるからかな。

養老　一般に、女性には虫好きは少ないいんじゃない？

池田　うちのかみさんは好きだけど。

奥本　それは、やむをえずでしょ。池田さんほどの人と暮らすには、虫好きになるほかない。

池田　人のことは言えないと思うけどなあ（笑）。

奥本　養老さんの場合はいかがですか。奥さんは、やっぱり虫好き？

養老　嫌いなんじゃない？　箱根昆虫館(1)にもあまり来たがらないもの。できれば見たくないんだと思う。でも、昔の日本女性はそれなりに虫も好きだったんだよ。清少納言とかね。

奥本　すずむし、ほたる、まつむし、こおろぎ……。秋の虫の音は日本文学の重要なモチーフです。『源氏物語』にだって、虫はいろいろ出てくる。『堤中納言物語』(2)にある「虫愛《め》ずる姫君」の女主人公は別格ですけど。

池田　女流に限らず、今の小説は総じて季節感が失われていますね。

奥本　若い人の俳句や和歌からも虫は消えつつあります。絵画からも。

養老　虫好きの女の子って、意外にたくさんいるんだけどね。つい二、三日前、「ゲジゲジは可愛い」とか言う子がいて、びっくりした。

池田　足がいっぱい生えているのが好きだっていう子と、足があるのは嫌で、芋虫みたいのが好きだっていう子がいる。毛虫好きはあまりいないけど。女の人は、チョウとかガとか成虫が嫌いで、幼虫が好きな人が多いですね。鱗粉《りんぷん》が嫌いなんでしょうね。

奥本　チョウはいいけど、ガはダメとか。

池田　そうそう。幼虫は好きだけど、成虫は嫌いとかね。幼虫が好きな女の人って、けっこういるんですよね。

奥本　そりゃ、本物だな。

池田　うちの女房も幼虫好きですよ。可愛いからって、幼虫を飼っていた。ツクツク、プリプリしていて赤ん坊の足みたいで、触り心地がいいらしい。

養老　母親たちはともかくとして、父親のほうはどうなっているんだろう。

池田　今の小学生の父親世代は小さい頃あまり虫を捕っていないんじゃないですか。

奥本　捕っていない。だいたい昭和三十年代までalong でしょう、ヤンマなんかをよく捕ったのは。三十年代に小学生だった世代というと、もう五十歳を超えています。そのあと、公害がひどくなって水が汚れた。で、水生昆虫が激減でしょう。ヤンマどころかシオカラトンボ、オハグロトンボまで見れなくなった。

養老　虫好きの子どもがいなくなるわけだ。

池田　虫捕りは子育てに必要なんですけどねえ。教育の大家に、そう言ってもらう必要がある。

奥本　養老さん、お願いします（笑）。

養老　虫捕りは子育てに必要です（笑）。

虫好きにだって、嫌いな生き物はいる

養老　僕らだって、嫌いな生き物はいるけどね。僕はクモが大嫌いなんです、小学校の三年生頃から。たいていみんな、クモ嫌いかヘビ嫌いでしょ。

奥本　そうかもしれない。僕もアシダカグモ[3]が苦手だった。

養老　クモ嫌いの人に、「ヘビはどう？」って聞くと、「大丈夫」って言う。ヘビ嫌いの人に、「クモはどう？」って聞くと、「クモは大丈夫」って言う。

奥本　嫌いか、好きか。その理由を論理的に説明するのは無理ですよね。

養老　無理。感覚の問題だから。

池田　僕はクモもヘビも平気ですよ。でも、ザリガニはダメです。

養老　じゃあ、カニムシ[4]もダメだろう？

池田　カニムシは平気。ザリガニは動きが嫌なんですよ。ビビビって後ずさりするのが。

奥本　あれが嫌なの？　へえー。

養老　不思議だねえ。

池田　あれを見ると、背中がゾクゾクっとする。「後ろに動くんじゃない！　前に歩けよ！」って叫びたくなる（笑）。

養老　せめて、カニみたいに横に歩けよって（笑）。

池田　奥本さんが苦手なのは？

奥本　カエルです。今度、『ラノフォビア』という小説を書いたんですよ。ラテン語で「カエル恐怖症」という意味です。

池田　なんでカエルがダメなんですか。

奥本　だから、それは説明できない。あえて言えば、目が飛び出ているところ。腹が白くてヒクヒクしているところ。太股の感じ。手の感じ。どこか人間に似ているところが嫌ですねえ。皮膚がツルツルだし。

池田　何から何まで嫌なんだ。

奥本　うん、全部。ピョンって飛ぶでしょ（笑）。

池田　自分に似ているからじゃないの？

奥本　かもしれない。じゃあ、池田さんの前世はザリガニかな。

池田　養老さんは、クモ（笑）。養老さんのクモ嫌いのきっかけは何だったんですか。

養老　きっかけは、ザトウムシ[5]です。あの、クモみたいで脚の長いやつ。あるとき、家の前の溝の蓋を開けたら、いっぱい付いていたの。それで僕、あいつらをジーッと見たんだよ。なんでも観察する癖があるから。そうしたら、やつら全員が僕のほうを見て、全員で肩をそびやかしてさ、脅かしてるんだよ。気持ち悪いったらなかった。

奥本　「肩をそびやかして」という表現は、ぴったりだ。あの動きがね。そりゃ、ぞっとする。

池田　やっぱり動きなんだよ、問題は。たしかに気持ち悪いかもしれないな。

養老　それまではなんともなかったんだよ。でも、一瞬ぞっとしちゃったら、もうダメ。

池田　ハエトリグモ(6)は？

養老　平気。ピコピッピって、動きが可愛いじゃない？　足が短くて。

奥本　あれは、飼ってみたいという人の気持ちもわかる。飼ってハエを捕らせたりしてね。実際、江戸時代には飼うのが流行ったらしい。「座敷鷹」と名づけて、贅沢な籠に入れてね。禁止令に引っかかって廃れたと言いますね。

池田　ハエトリグモはこの前、かみさんが「あっ、踏んづけちゃった」って言っていたなあ。ハエトリグモよりずっと大きなアシダカグモは最近は姿が見えないけど、二年くらいずっと一緒に住んでいました(笑)。

奥本　あれも、子どもの頃は怖かったなあ。

池田　部屋の隅っこのほうにいてね。時々子どもが餌をやっていました。

養老　あいつ、箱根昆虫館にもいるんだよ。この前の夜、セキュリティ会社の人が来て、「侵入者の警報が出ました」って言うんだ。侵入者なんか来やしないから、外を見てみたら、白い壁にアシダカグモがベタッと張りついていてね。そいつがセンサーの上を歩きやがったんだ（笑）。赤外線のセンサーの真上を通られると、アシダカグモ程度の大きさでも、デカいものが通ったことになるじゃない。

奥本　うちのファーブル昆虫館(7)でも、誰もいないはずの部屋で、やっぱりセンサーが反応したことがあるんです。カブトムシが飛んだのね。それでセキュリティ会社の人が来た。

池田　虫が増えると、セキュリティ会社は大変だね（笑）。

養老　そのうち、アシダカグモ程度のサイズを測るセンサーをつけないといけない。

池田　けっこういますからね、あれ。

養老　いるいる。アシダカグモって、すぐ人家に住みつくね。

池田　住みついて、長生きするんですよ。

奥本　ゴキブリを食っているんでしょ。ゴキブリが嫌ならあれを増やせばいい。

養老　家の中を、けっこう移動するよね。

池田　そうなんですよ。一度、顔の上にボコッて落ちてきたことがあって、さすがにそのときは、ゾクッとしたなあ。

奥本　タタタタタタって、畳の上を走るでしょう。あれが琴の上を歩いたりすると、きれいな音が鳴って風流な話になるんでしょうけれど（笑）。

池田　クモ嫌いとしてはどうですか。

養老　どこが風流じゃ（笑）。

虫も殺さぬ顔で原爆を落とす

池田　好きな虫・嫌いな虫は誰でもあるとしても、保護されるべき虫と、殺してもいい虫といった根拠なき差別がありますよね。

奥本　ゴキブリが偏見を持たれて、いじめられていませんか？　ほかの虫がそのとばっちりを受けている。

池田　虫を殺しちゃいけないと言っても、ゴキブリは「キャー！」とか言って、すぐに殺す。ゴキブリって、害虫でもなんでもないのよ。アゲハチョウの幼虫はミカンの害虫なのに、その成虫を捕っていると白い目で見られる。

奥本　それは、アメリカ人や日本人の命は大事だけど、イラク兵は殺してもいいというのと、同じことじゃないの？

池田　そう、同じだよね。

養老　テレビで見たんだけど、トラックから降りてきた二人のイラク兵を、離れたところから赤外線のモニターで見て、撃つんだよね。完全にゲーム感覚。実感がないから平気で殺せる。

奥本　でしょうね。ミサイルなんかも、カーナビかゲームの画面みたいなもので見ていて、ボーンと撃っちゃう。あれは、実感ないでしょうね。

養老　近頃は、虫を殺さないから人間を殺しているんだよ。

池田　虫も殺さぬ顔をして、人を殺しちゃしようがない。

奥本　やっぱり、ピクピクしている虫を持ったときの、あの感覚が大事なんだと思う。

生き物の感覚。その経験がまったくない人は、加減ができないんじゃないですか。

池田　そうなんだ。虫をつかむときは加減がいる。うんとちっちゃい虫を捕まえるとわかると思うんだけど、ギュッとつかんだら潰れちゃうし、ゆるくつかんだら逃げちゃうし。その加減って、すごく大事なことでしょ。今の若い人たちは、加減がわからない。

養老　どこまで力を入れたら骨が折れちゃうかとかね。感覚として知らないんですよ。

池田　子どもの頃にケンカをしないから、これ以上ぶん殴ったらヤバいということがわからない。子どものケンカって、たとえ相手を傷だらけにしても、程度ってものがある。ワルほどその加減を知っていて、致命的なダメージは与えない。それで仲直りするわけじゃないけれど、お互いの力量を認め合って、とにかく手打ちっていうことにするわけです。

奥本　棒で殴ったり刃物で刺すのは、ルール違反とかね。

養老　今の子どもたちは、取っ組み合いのケンカなんかしないからな。自分でやらなくてもいいから、そういうことは知っておいてほしいよね。原爆だって、下で何が起こっているかわからないから投下できたわけだし。

奥本　一人ひとり手で殺しているわけじゃないから、実感はできませんよ。

養老　東海村の原子力事故(8)の患者さんが、東大病院に入っていたでしょ。それで、受け持ちの医者に病理組織を全部見せられたんだ。ああいうものを公表したら、残酷だって言われると思うんだよね。だけど、そういうものを知らないから、「戦争を終わらせるためには原爆を落とすのもやむをえなかった」とか言う人がいるわけで、基本的には、単なる無知だと思うんだ。

奥本　あれは、ほとんど何も公表されず、どんなことになったのか、闇から闇でしたね。原発で事故が起きると、必ずウソをつくね。

池田　ひどかったんですよ、ものすごく。

奥本　何にも知らない下請けの人が、ほとんど素手で扱った。仕事の内容を知らされなかったんでしょう。

池田　臨界に達すると青白い光が出るんですけど、それを浴びて助かった人はいない。あの光を浴びちゃったら、もうダメ。あのときは、何日生きるかみたいなことで、医者がいろいろなことをやった。おそらく本人は、早く殺してくれって言ったにちがいないんだけど……。言葉にもできないですよ。皮膚を毎日張り替えなきゃならないくらい、ひどいんですよ。本当にかわいそうでした。

奥本　放射線熱傷でしょ。

池田　二人の方が亡くなりました。

奥本　僕なら「安楽死させてくれ」って言いますね。させてくれないでしょうけど。

池田　誰だってそうですよ。そういうことを隠しておいて、命が大事だとか言うのは、まったく違うと思う。

養老　原爆問題というのは、ああいうことを人間が人間に対して行う権利はないっていう意味なんだよ。

池田　原爆で戦争が早く終わったなんて、ふざけたこと言ってんじゃないと言いたい。人を殺して何を言ってるんだって。

奥本　アメリカ兵の損耗が少なくてすんだ、ということ。

虫捕りは「精神を養う殺生」

池田　虫捕りにだって、後ろめたさがある。網で捕って、毒ビンに入れて殺すんですから。標本にするときだって、死骸にピンを刺して、手足を広げるんだもの。殺生しているんだという後ろめたさがある。

養老　その後ろめたさが大切なんです。僕だって何十年も解剖をやってきたけれど、死体にメスを入れることには、ものすごい後ろめたさがある。いくらやっても、その後ろめたさは変わらない。虫捕りだって、同じですよ。後ろめたくないなんてはずがない。

奥本　虫を捕ったり魚を釣ったりしていると、「どうして人を殺しちゃいけないの？」という質問は出てこないと思う。先の丸いおもちゃの矢で犬を射ったって、当たればキャイーンって鳴きます。当たった瞬間、かわいそうって思うんです。しまった、もうやらないと。

養老　子どもの頃に、空気銃を貸してもらってメジロを撃ったことがある。撃ったらまたま当たっちゃって、メジロが落っこちてきた。ショックだったよ。以後、空気銃はやめました。メジロみたいな小さい鳥は、一発で死ぬものね。

奥本 僕も、電線のツバメを撃って当たったときの嫌な感じはまだ覚えています。だけど、鳥を焼いたものを店で食うと、また別の世界が始まる（笑）。野生の鳥獣はうまいからなあ、特に脂が。

池田 パチンコを作ってよく遊んだなあ。人に当たると大変なことになるけど、あれでスズメを落としたことがある。

奥本 それは凄い。あれは、めったに当たらないですよ。僕は一度だけ、逸れたのが軽く当たったスズメが、ブルッて身震いして飛んでいった。ドキドキしたなあ。

養老 めったに当たらないよ。池田君はカンがいいんだよ。

池田 いっぱい並んでいるツバメを落とそうとしても、なかなか当たらない。しようがないから、カエルに当てたりしていたなあ。

奥本 カエルは嫌いだから、友達が空気銃で撃つのを黙認していましたね（笑）。

池田 要するに、殺生するがゆえに虫捕りはいけないという話は、虫嫌いの母親には受けそうだけれど、子どものためにはならない。

養老 じゃあ、魚は食うな、殺虫剤を使った野菜は食うなという話になるわけでね。

池田　虫捕りを批判する人たちには、大きく二種類あると思うんです。とにかく殺生はいけないという人たちと、個体数が減るからダメという人たち。

奥本　殺生って、いったい何だろうということだと思うんです。よく、無益の殺生だからいけないと言いますが、昆虫採集は、無益の殺生じゃないんですよ。豚や牛を殺して食べるのは人間の「体を養うための殺生」であるという言い方にならえば、昆虫採集は「精神を養うための殺生」である（笑）。

養老　たしかに。

奥本　もう一方の批判、つまり個体数を減少させるなと言う人たちには、こう言いたい。一頭殺したら一頭減ると言うけれど、昆虫の場合は旺盛な繁殖力がらくらくとカバーします。一頭捕っても、卵を何百も産む。自然破壊さえしなければ、いくらでも回復するんです。鳥類や哺乳類だと、そうはいかない。

池田　自分で虫を殺したことがある人は、人は死ぬときにどういうふうになるかとか、どういうふうに苦しいかとか、ある程度わかるんですよ。でも概念の世界だと、何もわからない。それはやっぱり、まずいですよね。相手が虫だって、何となく苦しそうだとかがわかるから、死ぬのをじっと見ているのは嫌だよね。たしかに殺すんだけど、やっぱり、かわいそうだって思いますよ。だから僕は、自分が必要ではない虫は、捕らないで逃がすことが多いですね。

奥本　僕は何でも捕って、保存しておく。

池田　僕はやっぱり、自分に必要のない虫は捕らないですね。

奥本　それに、殺してしまうのはもったいないですよ。

池田　ゴキブリでもあまり殺さないもの。虫を捕っている人のほうが、いろいろなものに対して、優しくなるんじゃないかな。

奥本　近頃は特に、もったいないっていう気持ちがありますね。

池田　いい歳をしたオジサンが虫を捕ったりして、一般的には訳のわからないことで喜んでいる。「無益な殺生はするんじゃない」と言う人たちには、そういう人の楽しみを邪魔しようという、邪悪なパトス(9)がすごくあると思いますね。

奥本　他人の楽しみを邪魔するんだよね。

池田　他人の楽しみを邪魔する楽しみ。

奥本　嫉妬心ですよね。他人が楽しそうにしているだけで、不愉快だっていう人がいますから。池田さんは、標本作りをしているときに、殺生をしているという後ろめたさはありますか。

池田　あえて捕ったわけだから、標本を作っているときは、供養したい気持ちはあまりないですね。捕った虫を標本にしないのはもったいないし、その虫に気の毒だから、標本にしてできるだけ残そうとします。そうしておいて、誰か必要な人にあげますね。子どもの場合は、捕った虫をそのまま捨てちゃってもいいんだけど……。僕は、虫を捕って、殺して、それを標本にしないというのは、なんとなくねえ。

養老　なんとなく、気がとがめるんだ（笑）。

池田　養老さんは、解剖がご専門だからちょっと違いますか？

養老　解剖は、人間を殺してからやるわけじゃないもの。死んでいるものを解剖するんだから。

奥本　殺すところから始めたら、大変ですよ（笑）。

池田　それに、死んでしまった虫は標本にならない。虫は死ぬと、すぐ腐っちゃうから。

奥本　あるいは、乾燥しちゃう。

養老　虫は付いているし、カビは付いているしね。

池田　だから、生きているものを殺して、すぐに標本にしないとダメなんです。かわいそうだけど、死んだ虫じゃ標本にならない。

奥本　虫は捕るのも大変だけど、標本にするのも大変ですよね。

養老　大変ですよ。

池田　好きじゃなきゃできないね。

養老　だけど、標本がなかったら、まったく話にならない。

池田　その虫を捕ったという証拠もないし、形態学的な研究もできない。

奥本　標本は大事です。論より標本ですよね。やっぱり捕ってみないと始まらない。標本なしの議論は空論です。そういうことを一つひとつ確認していくだけでも、虫捕りや標本作りには大きな意味があるんだよね。

リアルな感覚を育むには虫捕りが一番

池田　子どもの頃から虫を捕ったり標本を作ったりしていると、細かいところに気がつくようになりますよね。感覚が鋭くなる。だから、長じて学者になった日本人には、小さいときに虫を捕っていたという人が多い。

奥本　多いですよ。ノーベル賞を受賞した化学者の白川英樹(10)さん。

池田　福井謙一(11)さんも昆虫少年。

奥本　昔なら寺田寅彦(12)。外国人でも、ヘルマン・ヘッセやアンドレ・ジッドは昆虫少年ですよ。

養老　本職になった人では、チャールズ・ダーウィンがいるでしょ。

奥本　ファーブルもね。やっぱり、子どものときに熱中するというのが大事なんじゃないですか。

養老　集中力がつくんですよ。

池田　今西錦司(13)も昆虫少年だったんですけど、途中でやめちゃったんですよ。それで、最後はあんなくだらない観念論みたいなことに走ったんだ。

奥本　でも、けっこう虫は捕っていますよ。中国の大興安嶺《だいこうあんれい》に行ったときとか、ヒマラヤに行ったときに。

池田　最初は捕っていたんですよ。だけど晩年になってから、「標本なんか集めてもしようがない」なんて、訳のわからないことを言いだしたんです（笑）。虫を捕ると、知的な世界でも、概念にとらわれずにリアルにものを考えられるようになるんだけど。

養老　やっぱり大きいよ、感覚が生きているっていうことは。

奥本　非常に具体的で、つぶさにものを見るでしょ。

池田　まあ、面白いからというのが一番なんですけどね。「なぜ虫をやっているんですか？」って聞かれると、「面白いから」って答えるしかない。なぜ面白いかって言われても、困るんだよね。

奥本　好きなことに接すると、脳からドーパミンとかいうものが出ますからね。「好きこそものの上手なれ」ってことでしょ。

養老　それに、虫捕りは、背景にあるのが自然でしょう。虫の世界にいると、どうしても感覚がそっちに広がっていくんですよ。だけど、都会にいるとその感覚がなくなる。

たとえば、六本木ヒルズなんかに住んでいると、自然の微妙さは感じられなくなっちゃうと思う。

奥本 自然のない世界では、あらゆるものが概念化されちゃうんですね。

養老 だから、今の子どもの頭の中には、概念ばかり詰まっている。

池田 例外もありますが、一般的にはそうでしょうね。

養老 子どもだけじゃなくて、大人もそうです。要するに、頭でっかち。

奥本 大学教授が一番そうです（笑）。言葉だけで、実物を見る目がない。

養老 まあ、ものごとを概念に括ることは、脳の機能として必要なことだし、社会的不適応にならないためにも大事なことなんですけどね。

奥本 感覚で捉えたことを他人に伝えるときに概念化する。だけど今の人は、捉える前から概念化のフィルターをかけているんです。

養老 感覚で世界を捉えると、脳に直に情報が入る。けれども現代人は、直に情報が入ることが苦手なんですよ。現代人の脳は、感覚を通じてダイレクトに外界とつながることに、もはや慣れていない。

奥本　世界とダイレクトに接するなんて、今の若い人たちには、とてもしんどいことなんじゃないかな。

養老　まったく。たとえば、絶対音感というのがありますよね。音を聞いただけで、即座にその高さを言い当てることができるという。

奥本　あれと、いわゆる音楽性というか、音楽に対する感性とはまた別ですけどね。

養老　実は、哺乳類はことごとく絶対音感の持ち主なんです。耳にカタツムリ管というものがあってね。中が細長い板になっていて、振動数によって共振する場所が異なるんです。だから、音の高さは必ずわかっているはずなんですよ。もちろん人間のカタツムリ管だって同じ構造です。でも、昔から、教育しないと絶対音感は身に付かないって信じられているでしょ。小さいときから特別に訓練された人だけが絶対音感を持てると思い込んでいるんですよ。

池田　たしかに、カラスの鳴き声に合わせてピアノが弾けるのは特別な人だけだといわれている。

養老　でも、僕はまったく逆だと思います。われわれ人間は、言葉を覚えていく過程で、絶対音感を失ったほうが得なんですよ。たとえば、「キヨヒコ!」と呼ぶお母さんの声とお父さんの声は、高さがまったく違う。でも、高さの違う音でも、同じ言葉だと認識しなくちゃいけない。そうすると、絶対音感を持っているほうが不利なんです。

奥本 絶対音感で捉えると、別の音、別の言葉に聞こえるかもしれない。

池田 犬も、そうなのかなあ。

養老 たぶんね。「シロ」という犬がいたとします。お父さんもお母さんも、「シロ!」って呼んでいる。兄弟姉妹も近所の人も、みんなが「シロ!」と呼ぶ。むろん音の高さが違うわけだから、犬はおそらく、それらを別々の名前として記憶しているんだと思う。人間のように言葉を持たない犬は、お父さんの呼ぶ「シロ」や、お母さんの呼ぶ「シロ」など、自分には複数の名前があるって思っている。

池田 なるほど。初対面の人が「シロ」って呼んでみたら、どうなるか。

奥本 ワンワン吠えて、咬みつくだけ(笑)。

養老 自分が呼ばれているとは思わない。

奥本 しかし、そんなことをいちいち区別して覚えていたら、ほとほと疲れますよね。

社会的不適応になっちゃう。

養老　社会生活には適応できないよね。その意味では音痴の人のほうが進んでいるんだよ。『津軽海峡冬景色』でも何でもいいけれど、ひどく音程が外れていても平気で歌っている人って、いるじゃない？　あれは、どんなに音が外れていても、少なくとも歌っている本人の脳は、同じ歌として認識している（笑）。

奥本　聞かされているほうは、メロディーじゃなくて歌詞でやっと識別できる（笑）。

池田　同一性において、処理する能力が高いわけだ。社会的適応力が優れているとも言える。

奥本　歌は知らないけど、池田さんのセミの鳴き真似は絶品とうかがっています。ハルゼミからミンミンゼミ、アブラゼミ、ツクツクボウシまで、各種鳴き分けるとか。

養老　セミそのものです。というより、セミよりもうまい。絶対音感そのもの（笑）。

奥本　まあ、この三人は、歌がうまいかどうかはともかくとして、自分が音痴であることには耐えられないわけです。虫好きで、概念嫌いで、感覚から直に入ってくることが大好きだから。

池田　そうすると全員、社会的不適応ということになっちゃう。

養老　もちろんです（笑）。

真実は単純、事実は複雑

池田　今の絶対音感の話は、言葉にも通じる話だと思うんです。生まれたばかりの子どもが、いちばん音を細かく分節して聞き分けられるというでしょ。二歳とか三歳になって言葉を覚えはじめると、日本語なら日本語、フランス語ならフランス語の発音の仕方、つまりそれぞれの言語に都合がいいように、いわば同一性で括られていく。よく言われるように、日本人にとっては「L」も「R」も同じ音だから、教育によって概念としてまとめちゃうわけです。まとめられないと、人と話が通じなくなるから。

養老　そうなんです。コミュニケーションのための概念化の必要性は、認めざるをえない。

奥本　言葉以前にも、たとえば乳児の場合、自分の母親の母乳と、よその母親の母乳とを区別できるんですね。それが、「母乳」という概念にまとめられていくんだな。

養老 乳児には違いがわかるはずです。その違いが後天的にわからなくなることが、社会的に成熟するということですよね。

奥本 その社会的な成熟のタイミングという点に関しては、いろいろ差がありそうですね。

養老 ものごとの概念化にはいろいろな時期がある。だから、概念化と教育って、けっこう難しい問題なんです。虫が好きになるか嫌いになるかということで言えば、小学校の低学年までだと思う。

奥本 せいぜい三年生か四年生くらいまででしょう。その時期までに虫をまったく見なかったら、その後はいくら見ても……。

養老 何も感じとれないね。

池田 社会にある既成の概念を受け入れなければ、ふつうに社会生活ができませんからね。それをいちいち疑いはじめたら、苦しくてしかたがない。社会のほうにピタッと自分をあてはめている。

養老 そう。面倒だから適応させている。

池田　だから、概念が固まっていない小さな子どものうちに虫を見はじめないとね。

奥本　逆に、感覚のままだと人に伝わりにくいんです。概念をつくらないと人に伝えられない。つまり、文化にも何にもならないわけですよ。

池田　ただし、そこばかりを見てしまうと、概念ばかりが詰まった人間ができてしまう。

養老　そういう頭でっかちを中和させるという意味で、虫捕りはいいと思うね。

奥本　でもやっぱり、大人になってからでは遅いんですよ。二十歳過ぎてから虫捕りを始めても、虫好きにはなれませんから。

池田　たしかに、二十歳からではなかなか難しいですよね。僕の学生の中には、大学生から虫を始めて立派な虫屋になった人もいますけど。もともとある程度、虫が好きだったのかもしれない。

奥本　十三歳くらいまでが、限界じゃないでしょうか。

池田　うん。賛成。

奥本　それ以降になると、脳の回路が閉じちゃうんです。目で見ているのに、きちんと見えていない。

池田 脳の中にある既成概念で見ちゃう。

奥本 そうなんです。うちの昆虫館に子どもが来て、虫の絵を描くんですよ。四、五歳くらいの小さい子がすごくいい絵を描く。それが小学校も高学年になると、どこかで見たような常識的な絵しか描けなくなる。

養老 言語能力がついてくると、ダメなんだなあ。

池田 虫を見て描いているんじゃなくて、虫という概念を描いちゃうんだね。アゲハチョウならアゲハチョウという概念を描く。虫自体を素直に見ていない。いかにも、それらしく描いちゃうんです。

養老 先生にほめられるからね。

奥本 小さい子の描く絵は、いわば熊谷守一(14)と同じ絵なんですよ。細部は省略してあっても、生きている感じが実にうまくつかめている。

池田 熊谷守一はいいよな。

奥本 虫を描いた画家では、群を抜いています。江戸時代の円山応挙《まるやまおうきょ》(15)も虫の絵を描きましたよね。応挙の絵は細部まで描写できているけれど、虫屋の目から見ると、チョウが死んでいる。あるとき、応挙が草の中に伏せているイノシシの絵を描いたら、猟師に「このシシは病気だ」と言われた。それで、また観察して描きなおしたと言われていま す。でも応挙のチョウは、翅の具合を見ると、どうも死んだものを見て描いているように見える。応挙のチョウは死骸だけれど、熊谷守一のチョウは生きている。同じように、小さい子は生きているチョウが描けるんですよ。それが、成長する途中で描けなくなる。

池田　虫に触ったことのない子は、描けないいんじゃない?

奥本　カブトムシを握ったことのある子は、いかにも痛そうな、足のトゲを描きます。図鑑だけを見ている子は、そのあたりがいい加減ですね。

池田　イディオ・サヴァン[16]という、一般的な知能はきわめて低いのに、ある特殊な能力だけに秀でた人たちがいるでしょ。有名なのはナディアという女の子で、五歳の頃からレオナルド・ダ・ヴィンチ顔負けの、すごくリアルな馬の絵を描けたんですね。彼女は言葉がうまくしゃべれなかったので、家庭教師が言葉を教え込んで、八歳になってようやく少ししゃべることができるようになった。その途端に、絵が下手になるんです。概念をうまく捉えることとディテールを捉えることとは、背反する部分が多い。

奥本　概念を捉えると、イメージの中で全部四捨五入しちゃうんですよ。カブトムシなら、誰もがまず角を描くようになる。

池田　差異ではなくて、同一性だけになるんですね。カブトムシ一般に共通する特徴だけを描こうとするわけだ。一匹一匹の違い、リアルな差異には目が向かない。クワガタなら、大あごだけ描こうとする。あとは足を六本描いて、クワガタという概念にしてしまう。

奥本　今の子どもたちは、人間を相手にするときでも、リアルな情報を四捨五入して概念化しないと、面倒くさくて生きていけないんですかねえ。

養老　社会全体がそうなっているんですよ。全部、概念に四捨五入しちゃう。でも、よく考えてみればわかるように、現実というのは生きている。もっと複雑なんですよ。真実は単純かもしれないけれど、事実は複雑なんです。そこのところが、ますますわからなくなっている。

奥本　たとえば、科学の法則は単純だけれど、自然現象は多様で複雑だということですね。

個体よりも種が生き残ればいい

池田　虫って、個体変異が大きくて、同じ種なのに形も極端に違う奴がいる。だから逆に、養老さんに見せてもらったカシノナガキクイムシ[17]の前胸に開いている穴にはびっくりしました。ほとんど完璧な球に近い。人間がパンチで打ち抜いたみたいで、こんなまん丸なものを、自然がどうやって作るのか。

奥本　きっと、内部に何か理由があるんだろうな。中に、なんかプニュプニュしたものがあるじゃないですか。あれ、生きている状態で大きくして見てみたいな。

池田　不思議だよ、あれは。

養老　電子顕微鏡サイズで見てみると、驚異ですよ。見るたびに驚いちゃう。気になって仕事にならないから、あまり見ないようにしているんだけど。

池田　虫には、機械みたいなところもありますからね。一種のロボット。いろいろなことがカチカチしていて、デジタルでしょ。

奥本　恐竜的要素とロボット的要素がありますね。外骨格系だから硬くてロボット的なんだけど、発達の仕方はまさに奇想天外。

池田 自己修復能力はないけどね。壊れたら死ねばいいだけの話なんだ。人間は体が多少傷ついても治るけど、虫はちょっと傷ついただけで、もう終わりですからね。

奥本 個体があまり大切にされていないですよね。種が生き残ればいいわけで。

池田 そのわりに、とにかく精密。どうせすぐ死んじゃうのに、よくもまあ、こんなに精巧にできているもんだと感心します。

養老 細かいところを見ると、ビックリするよね。

奥本 電子顕微鏡を使うと、どんどん展開していく。その展開ぶりが凄い。

池田 特に社会性昆虫というのは、個体が大切にされていませんよね。学生から聞いたんだけれど、ホリエモンがやっていて話題になった「アントクアリウム」という、机の上でアリを飼うキットがあるんです。生きているアリを捕まえてきて、砂を入れた透明の容器に入れて、巣作りを横から鑑賞する。これ、案外、女の子たちには人気があったそうですよ。

養老 そういうことをしても、巣を作るの?

奥本 女王がいれば、しばらくはもつんじゃないかな。

池田　女王がいなくても、巣は作るんですよ。五頭いれば、五頭で作る。でも、そいつらが死んだら終わりです。アリの場合は、年に一回、巣から雄アリと雌アリが羽アリとして飛び出してきて、結婚飛行をして、雄アリと交尾した雌アリ一頭から巣作りが始まる。これが、女王アリです。女王は生涯に十万頭以上の子孫を作り、女王が死ねば、しばらくして巣も消滅します。

奥本　ミツバチだったら、巣の中からまた新女王が生まれてきます。ミツバチは、しょっちゅう体をなめているんですよ。それが、経口避妊薬になっている。世界最古の経口避妊薬。だから、女王が死ぬと働きバチが卵を産むようになって、女王がちゃんと生まれる。

養老　アリの巣って、ほんとは、どでかいんだよね。五メートルくらい掘り込まないと、全部を捕れない。

池田　一万頭くらいいますからね。

養老　そんなのを、ちょろちょろ捕ってきて飼ったって、いったい何が面白いんだろう。

奥本　先行き見込みのない小さな会社を作って、それがダメになろうとしているのをじっと見ている（笑）。働きバチって、みんな雌でしょ。遺伝子的には女王と同じです。新しい王台(18)を作ってその中に卵を産んで、ロイヤルゼリーで育てると新しい女王になる。それって、どの時点で決まるものなんですか。

池田　女王がフェロモンを出して、働きバチが王台を作らないように抑えるだけなんだけどね、巣が大きくなっちゃうと、フェロモンがすみずみまで届かないんですよ。だから、同じ巣の中でもフェロモンが届かない場所に五つくらい王台が作られちゃって、そこから新しい女王バチが出てくる。出てきた女王がバトルをして、最後には一頭しか生き残らない。あとは死ぬんですよ。そういう状況になると、古い女王が周りの奴らを引き連れて、どこかに飛んでいっちゃうんですね。

奥本　分蜂《ぶんぽう》(19)する。

池田　こういう話をすると、「虫の世界って、けっこうドラマチックですね」なんて言う人がいますが、べつに彼らは、ドラマチックだなんて思っていなくて……。

養老　先祖代々やっている。

奥本　人間のほうがドラマチックというか、どうなるかわからない。

池田　人間は全体が見えるけれど、個々のアリは巣作りの全体がわかっているわけじゃない。それぞれが役割分担で局所的なことをやっているだけだから。それで全体が合目的的に動くのが、社会性昆虫の凄いところです。

宇宙規模の多様性が虫の魅力

養老　虫の魅力は、一つには、やっぱりディテールの豊富さだよね。多様性が高い。

奥本　ひとくちに「虫」なんて言っているけど、色も形も千差万別。いくら拡大して見ても、まだその先がある。宇宙みたいなんだよね。

養老　ダーウィンフィンチ[20]の例を挙げて、鳥だってそうだと言う人もいるけれど、まったく違いますね。まるで桁が違う。

池田　カミキリはカミキリでも、ヘンなやつがいっぱいいますから。概念でまとめちゃえば、全部カミキリだけどね。

奥本　たとえばルリクワガタ[21]にしても、つい最近まで一種類だったんですよ。ところが、ある人が二種類だって言いだした。そう言われてみると、なるほど二種類なんです。みんな、パッとそれが見えるようになる。なぜ今まで気がつかなかったんだろうって思うくらい、違いがわかる。もう、今では何種類でしたっけ？

池田　僕は五種だと思う。七種と主張している人もいますけど。最近は十種という説もある。

奥本　並べてみると、なんで気がつかなかったのかなって、本当に思いますよ。人間側が一種類だと思って見ていたから、一種類に見えていた。養老さんがゾウムシでおやりになっていることは、まさにそれと同じことですよね。

養老　そうそう。僕はもう、電子顕微鏡レベルのディテールの世界に迷い込んでいます。面白くて、とても抜けられません（笑）。

池田　ディテールの違いって、直感でわかるんですよ。僕が最初に記載した虫は「モルルクス　ピニボラス」[22]という、主に福島県の南会津で捕れていた虫なんですが、それまでみんな、「モルルクス　ミノール」[23]という、リンネ[24]が記載した虫だと思っていたんですね。ところが、あるとき南アルプスで「モルルクス　ミノール」と思われる虫を捕ったんです。網に入った瞬間に、南会津のものとは違うと思った。飛び方が違うし、捕ったときの動きも違うんですよ。「あっ、これ別種だ」と、すぐにわかった。調べてみたら、南会津で捕れていたほうが新種（未記載種）だった。それで「ピニボラス」という名前を付けたわけ。もっともそのあとで、南アルプスのものも「ミノール」とは別種ということになって、今では僕の名前が付いて「モルルクス　イケダイ[25]」という虫になっています。そういう新発見をしたときでも、どこが別種なのかという細かいことは、そのときはわからない。でも、自分の感覚が「違う」と言っている。家に帰っていろいろ調べて、初めて具体的にどこが違うかがわかるわけ。

奥本　その直感が大事なんですよ。学問をやるときも同じです。どこがどうとか言う前に、とにかく直感で「あっ、違う」と感じる。それまでに、たくさんの個体をよく見ていると、わかるようになるんですね。

池田　その直感を証明したり人に伝えたりするときに、言葉が必要なんだ。つまり、概念化していく必要があるわけね。

養老　感覚と概念の両方が要るよね。

奥本　ところが、おおかたの学問は概念、つまり言葉のほうしか信じないでしょ。昆虫学なんて、新種の記載文にしても感覚は認めない。直感のほうはダメなんだ。

池田　昔の偉い昆虫学者の本なんて、凄いですよね。数行の記載しかないから、本人以外はわからない。

奥本　せめて図がないと、わかりませんよね。

池田　言葉って、つまるところ、わかっていることしか書けない。

奥本　わかっていないことは、書けない。当たり前だよね。

養老　感覚から言葉に入っていくことは、ある程度はできます。でも、言葉から感覚に戻っていくことはできないんですよ、脳は。

池田　言葉だけの世界にどっぷり漬かっていると、感覚を忘れちゃう。みんな、言葉ですべて説明できると思い込んでいる。それが今の社会の悪いところですね。

虫との付き合い方でわかる、国民性の違い

奥本　特にフランス語は、分析的な説明を得意にしているでしょ。今、『昆虫のポートレート』というフランスの本を翻訳しているんですよ。大きな本で、ひたすら虫の顔を

拡大して見ている。フランス人はあくまでも人間の顔と比べながら見ているんですよ。虫にも牙があるとか、鬼に見えるとか、目が出ていてサングラスに見えるとか……。擬人化して虫を見て、驚いている。擬人化して見るということは、概念化して見るということですからね。

養老　でも、ヨーロッパ人は、虫をわりあい知っているんじゃないの。

奥本　特定の人はね。でも一般的には、虫オンチが多いですよ。特にパリなんかダメ。日本人とでは、虫オンチの桁が違います。だいたい、虫についてどこから説明したらいいかわからないぐらい、トンチンカンなことを言います。

養老　都会はダメか。

奥本　でも、あまりに田舎で自然に埋没しちゃっていても、やっぱりダメですよね。

養老　日本でもそうかもしれないね。

奥本　町の小さな図書館に虫の図鑑が置いてある程度の田舎がいいですね。東京だと、昔の世田谷、杉並あたりがいちばんよかったんじゃないですか。

池田　中国には、虫好きの人はまだなかなか出ないけど、台湾にはぼちぼち出てきています。

奥本 最近の台湾の虫図鑑は凄いですよ。

池田 あまり発展していてもダメだし、あまり発展途上でもダメ。その中間の程よいところで虫好きが育つ。ヨーロッパでも、ロンドンやパリの人はダメで、チェコ人なんて、人口のわりに虫好きな人が多い。オーストラリアも多い。

養老 北欧も虫好きは多いんじゃないかな。

池田 ドイツは昆虫採集禁止ですよね。

奥本 そうです。チョウはモンシロチョウとオオモンシロチョウ以外は捕っちゃいけない。モンシロチョウとオオモンシロチョウはキャベツの害虫だから捕ってもいいけれど、それ以外はダメなんです。だから虫好きのドイツ人は、みんな海外で虫を捕っている。東南アジアには、虫捕りをするドイツ人がいっぱいいます。

養老 ドイツに行って、街の看板を見てすぐ覚える言葉は、「フェルボーテ!」。

奥本 「禁止!」ね。あれをしちゃいけない、これをしちゃいけないっていうのが多いですよね。

養老　ドイツ政府の人は、今、みんな緑の党出身だもの。

奥本　一方、アメリカ人にはカブトムシとゴキブリの区別がつかない人がいる。角がないだけゴキブリのほうがましとか言うんですよ（笑）。

養老　訳わかんないのがいるなあ（笑）。

奥本　やっぱりフランスの文化は、あまり虫と馴染まない気がするんです。さっき言ったように、フランス人の目は広角レンズで細かいところを見ていない。一方、日本人の目は接写レンズで細部をとてもよく見ているでしょ。それはやっぱり、子どもの頃に、トンボを捕ったり、カブトムシと遊んだりしていたからだろうと思うんです。

養老　日本は、自然の風景そのものが、ものすごく多様で細かいからね。

奥本　庭園を比べてみたら、すぐわかりますよ。たとえばヴェルサイユ宮殿のように、左右対称のだだっ広い、どこにも落ち着く場所のない庭園がたくさんある。日本の庭園には、どこにも規則正しい形がない。器もそうですよね。楽茶碗みたいないびつなかたちの焼き物があるのは、日本だけです。中国でもデルフト(26)でもセーブル(27)でも、四角なら四角、丸なら丸で、きちっとした形ばっかり。日本人は植物にしても昆虫にしても、微細に見ていく。

養老　虫の声の聞き方でも、欧米人は音として捉えるのに対して、日本人は言語脳で受け止めるという違いがはっきり出ています。

奥本　川端康成の『山の音』という小説にある「八月の十日過ぎなのにもう虫が鳴いている……」なんて一節は、翻訳不可能なのね。自然描写は日本以外では通用しないですよ。日本語学級の上級クラスの人たちでも、虫は「bug」、鳴くは「sing」で、「bug」は「sing」しない。概念がないから英語にならないのね。日本古来の自然観とか日本独自の美意識を、日本人はもっと大切にしたほうがいい。やっぱり日本人は昔から、写実主義ではなくて象徴主義だったと思うんです。俳句なんて、象徴主義そのものだし。

養老　たとえば、アムール川でもセーヌ川でも、大陸の川はどっちに向かって流れているのかわからないけど……

池田　日本の川は流れているから、すぐにわかる。日本には大きな川なんて、ないですから。

養老　だから、フランス人の地質学者が日本に来て、「日本の川は滝だ」って言うんだよ。

奥本　そうでしょうね。きっと急流だと思うんじゃないですか。自然の見方には、それぞれの国の美意識が反映されますから。

池田　日本人は特に、自然と共存することを大事にしていたはずなんです。人間は自然環境の中で自然物を利用して生きていくしかないんだから、自然を保護するのは当たり前のことです。

養老　今の日本の教育も、日本古来の文化や自然への思いが、まったく生かされていない。

大切なのはディテールを見ること

奥本　特に西洋人には、言葉の網の目を思いきり細かくしていけば、すべてをすくい取ることができるという思い込みがあるんですよ。それ以外のことは存在しないことになる。

池田　哲学者のウィトゲンシュタイン(28)が、若いときに「世界はすべて言葉によって記述できる」と言いましたよね。でも、そんなこと、できっこないわけ。ウィトゲンシュタイン本人も、途中でとても無理だと気がついて、晩年は別の哲学を始めましたけど。

奥本　無限に網を細かくしたって、ものごとはどこまでも分割できるでしょ。

養老　ウィトゲンシュタインと同じようなことを、もっと前に言ったのは、数学者のラプラス(29)です。「世界のすべては物理的に計算できる」と言い切っちゃった。すべての粒子の最初の状況さえ与えられれば、未来のことはすべて記述できるはずだって。でもそんなこと、できやしない。

池田　予測可能なわけないですよ。感覚的に考えないで、頭の中の理屈だけをつなげて考えていくとそうなる。

養老　結局のところ、頭の中は同じなんですよ。誰が考えても、たいした違いはない。だから最後は、唯一絶対の神にすがることになっちゃう。

池田　虫を見ていると、唯一絶対なんてあるはずがないことがわかります。「なんだ、これは！」って思うような、見たこともないヘンな虫がたくさん出てくる。自分で面白がって虫を捕るようになると、次から次へと知らない虫が出てくる。図鑑にも出ていないから、必死になって調べる。

養老　図鑑に出ているものだって、「これでもカミキリムシかよ」ってやつがたくさんいるからね。そうすると、自分の持っているカミキリムシの概念を変えなきゃならない。そうやって修正されていくんですよ、同一性そのものが。自然なんて、わからないことだらけだもの。

奥本　自分の頭の中で図鑑がどんどん変わっていく。

養老　ゾウムシだってそうですよ。ゾウムシの標本を見せると、「これは全部ゾウムシですね」ってまとめちゃう。でも、よく見ると、「これがホントにゾウムシ？」ってやつがごっちゃりいるわけ。だから、「よく見てみてよ、こんなに違うじゃん」と言うと、今度は別の概念を新しく作って、やっぱりまとめちゃうんだ。

奥本　とにかくまとめたがる、概念化したがるというのは、現代社会の病理です。単純化してカタログデータでまとめてしまう。はずれた部分は、存在しないのと同じなわけ。

池田　情報社会の産物かもね。最近の学生も、まず最初に概念から入りたがるし。

奥本　「木を見て森を見ず」って言うけど、森のシルエットしか見ていない。

池田　虫を見たり捕ったりしていると、きっと頭が良くなると思うけど（笑）。

奥本　気配とか、いろいろなことに気がつくようになるんじゃない。

池田　新しい発見って、そこだと思うんですよ。自分なりの概念を持つことは大事だけど、それには、なによりもまず世界のディテールを見ること。これが絶対に必要。ディテールが見えると、おのずと自分なりの価値基準ができあがる。難しくいえば、自分なりの「同一性の尺度」ができる。「あなたがたはそう言うけれど、私はこう考える」って、言える。新しいものって、すべてそこから生まれてくるわけでしょう。

養老　そうそう。つまり、いちばん大切なのは、ディテールが見える、感じられるということなんですよ。概念を作るときに大事なのは、感覚を失わないことなんだ。日本語では、それを感性という言葉で表現するけれど、これはずいぶん曖昧な言葉だよな。

奥本　今は感性とか個性という言葉は、オリジナリティという意味で使われていますよね。

養老　個性ねえ。何かというと、すぐ個性って言うでしょ。個性教育とかさ。でも、教育で教えられるのは、むしろ概念のほうなんだよ、社会的に認められた常識と言ってもいいけれど。脳みそが得意なのは概念化です。個性というのは、断然、感覚によって作られる。

奥本　教科書に「個性を磨きましょう」なんて書いてあっても、ただのお題目でね。ましてや先生が教えられるものじゃないし、実際には個性の伸びを妨害していることのほうが多いんだから。

養老　個性教育なんて言うこと自体が矛盾なんですよ。教育できるのは概念のほうであって、個性を磨くには外へ出るしかないんだ。当たり前のことですよ。

池田　学生を見ている限り、個性はどんどん失われていく一方だなあ。個性教育なんて言いだしてからずいぶん経つけどね。

カンがいいとは、どういうことか

養老　今、なぜ、子どもに虫を捕らせたほうがいいのか。その問題を考えるときに、世間の皆さんに、ぜひ気づいてほしいことがあるんです。それは要するに、脳みそは総合なんだということです。言いかえると、脳の機能は回転なんだということ。

奥本　なるほど。それで？

養老　まず、外界からの情報が感覚を通して脳の中に入ってきますよね。これがインプット。脳の中で計算して、考えて、その結果が肉体の運動として出ていく。これがアウトプットです。たとえば、今、ここにコーヒーカップがある。すると、まず「目の前にコーヒーが入ったカップがある」という情報が視覚を通して脳にインプットされる。脳で計算して、「しゃべり疲れたから、ちょっと飲んでみるか」と考える。その結果が、手を伸ばしてコーヒーを飲むという運動としてアウトプットされるわけ。

池田　入力した情報を脳の中で解釈して、出力するわけだ。

養老　そしてコーヒーを飲んでみたら、「もうぬるいや」と感じる。すると脳は「もう一度入れ直そうか」と考える。そういう具合に、インプットとアウトプットが連鎖していくわけですよ。アウトプットが再入力されながら、ぐるぐる回っているんです。

奥本　なるほど、回転ですね。

養老　感覚→脳→身体→感覚……という具合に、情報をぐるぐると回していくことが、とても大事なんです。このことの重要性に気づいたのは、脳研究の世界でも、実は比較的最近のことなんですけどね。

池田　再入力あるいは再代入するプロセスとして、脳を捉えるわけですね。

養老　そうです。だから、赤ん坊がハイハイすることには、たいへん大事な意味があるわけ。ハイハイした瞬間から、自分の手足を使って世界の中を移動するという、とても知的な作業が始まるんです。これが、脳の発育にとって、とても大きい。脳性麻痺の赤ちゃんの場合、かわいそうだからと歩かせないでおくと、言葉が出てこないんです。

奥本　一歩動いたら、すべてのものの角度が変わって見えてきますものね。

池田　赤ん坊の目に見えているものが変化していく。

養老　でも、そういうふうに次々に変化していくものを全部覚え込もうとすれば、脳が壊れちゃうんです。情報量が多すぎる。それでどうするかというと、自分が移動することで違った世界がどんどん現れるけど、その世界は根本的には一つの同じ世界で、違うように見えているだけだというふうに、脳がまとめていくわけですよ。概念にまとめあげていく。

池田　われわれが中学校で習う比例という概念も、同じようなことですね。

養老　そう、相似とかね。あの比例という概念は、実はわれわれは、数学で教わる以前に理解しているんですよ。あれは要するに、同じものが、遠くでは小さく見えて、近くでは大きく見えるということでしょ。遠くにいると猫だけど、近くに来たら虎だったって報告できる人は、たぶん存在しないんですよ。数学って、元来そういうものなんだと思う。感覚的には、すでに知っていることなんですよ。その感覚が優れている人を、「カンがいい」と言うわけ。

奥本　ところが、学校でも役所でも、そのカンというものを認めない。数値化できないし、カタログデータ的に登録しにくいから。むしろ特殊なカンを持った子は先生に嫌われて落ちこぼれたりする。農協のトマトやキュウリと同じで、形のそろったまっすぐな、大きさも一定のもののほうが扱いやすい。規格外のものははじき出されるようになっている。

池田　そういうカンのよさこそ、知的な作業においては最大の武器になるのにね。

養老　そのカンを磨くには、小さい頃から再代入、再入力を繰り返して、脳をブンブン回さないとダメなんですよ。

奥本　要するに、外へ出て、自然の中で思う存分遊べということですね。

養老　それしかない。そして、数ある遊びの中でも虫捕りがなぜいいかというと、それはほぼ理想的に脳が回転するからです。感覚から入って、計算して、その結果が運動として出て、出た結果が再入力される。虫を見て、「いた！」と思ったら、筋肉を動かして、捕まえて、自分で調べて、標本を作って、考えて、また虫を見て……という具合に、インプットとアウトプットが連鎖しながらくるくる回り続ける。

奥本　しかも虫の行動を観察して、次はこっちに飛んでくるから、ここで待っていて、こう網を振ると捕れるなと、一所懸命に考える。

池田　一生、終わらない（笑）。やっぱり自然物を相手にしていると、面白いですよ。

養老　子どもをまともに育てようと思ったら、とにかく戸外で、自然の中で作業させるのがいちばんいいんですよ。人間はもともと、そうやって生きてきたんだから。いくら近代化したって、子どもは常に白紙で生まれてくる。近代的な世界の中で、子どもを育てたほうが良くなるという実験結果は、どこにもないでしょ。どんなに高度に発展した文明でも、必ず野蛮人に滅ぼされるんですよ。

奥本　文明人がどんどん貴族みたいになって、体も頭も使わなくなると、そこに入り込んだエネルギッシュな野蛮人にとって代わられる。

池田　ゲルマン民族に滅ぼされたローマ帝国が典型です。

養老　なぜかというと、都市化した文明人よりも、森の中に住んでいる野蛮人のほうが、ちゃんと自然の中で育っているから。もう、それだけのことです。だから、脳を育てるという意味で言えば、やっぱり子どもの脳の出口と入口を大きくしないと、どうしようもない。出口は運動で、入口は感覚でしょ。その両方を閉じ込めていたら、発達しない。本当に素直に考えてほしいんだけど、外に出たら、お日さまはどんどん動いていくんですよ。風の量も変わる、気温も変わる。

奥本　赤ん坊がハイハイしはじめると世界が変わるというのと同じですね。

養老　そうそう。それを冷暖房完備の六本木ヒルズの部屋かなんかに入れておいたら、何にも変わらない。それで頭の中はというと、概念化してしまって、みな同じ。そういう子どもが何を言うかというと、「つまんねえ」って。つまらないに決まっている。テレビがずっと同じ画像だったら、みんな見ますか？　子どもの目に映る世界は、止まったテレビの画面みたいになっているんですよ。それはまさに、子どもに対する虐待です。

奥本　子どもをこぎれいな牢獄に入れているようなものですよね。自力でそこから脱出する能力が育たないようにしている。家禽や養殖の魚みたいになって、餌を食って肥るだけです。

池田　たとえばキノコ採りに行って、食えるか食えないかわからないキノコってあるでしょ。食うべきか食わざるべきかを考えるときなんか、けっこう勇気がいる。

奥本　だいたいは食べないほうがいいと思うけど（笑）。

養老　いや、茹でて食えばいいんだよ。

池田　茹でこぼすと、たいていのキノコは食えますからね。

養老　水に溶けなかったら胃腸から吸収されないから、人体にとって毒じゃない。みんな、そういうことに気がついていないみたいね。胃の検査では、バリウムを飲んでいるのにね。バリウムが溶けたら大変な毒ですよ。だから、キノコは茹でちゃえばいい。ファーブルの『昆虫記』に、そう書いてある。

池田　やっぱり、どうしたら危険を避けられるかというのは大事ですよね。虫だって、毒を持っている虫もいるし、刺される虫もいる。痛い目にあう経験も必要なんです。ハチをつかめば刺されるとか。

奥本 だいたい、スズメバチの黒と黄色の模様を見て身の危険を感じないようじゃ、野外で生きていけない。

池田 だから今、スズメバチに刺される人、けっこういるでしょ。アナフィラキシー(30)になる人は、三回くらい刺されると命の危険がある。千葉県の松戸市には「すぐやる課」という部署があって、道路の補修から動物の死体処理までいろいろなことをやるんだけど、スズメバチを捕る業務がいちばん多いらしいですよ。

奥本 そうらしいですね。スズメバチの巣を次々に捕って幼虫を食べちゃう地方もあるけれど、千葉の人は食べないのかな。

池田 五歳くらいのとき、ハチってどこで刺すのか、母親に聞いたことがあるんですよ。そしたら「口で刺すんじゃないの?」って言うから、尻に触って、見事に刺された。こーんなに腫れちゃって、うちの母親、とんでもねえって思った(笑)。でもそれから、ハチはお尻で刺すんだって、身をもってわかりましたよ。

奥本　本当に身に沁みてわかるよね。一生忘れない。でも今は、社会がそういうことをさせないからね。先生の世界でも、マニュアルばかり増えている。

養老　やっぱり、子どもも大人も虫捕りをしたほうがいいんだよ。虫捕りは根本的な意味での学習なんだから。

脳の入口と出口を塞ぐな

奥本　脳科学から見た学習とは、「再代入を繰り返しながらくるくる回ること」でしたよね？

養老　だから、学校で先生の話を聞くだけでは、何の学習にもならない。大学で講義を聞くだけなんて、最悪ですよ。学生側からのアウトプットがいっさいなくて、じっと座っているだけでしょ。かろうじて最後に出力するのは、レポートか試験。それじゃあ、頭は腐る一方です。

池田　飽きちゃうに決まっている。

養老　そんなものが、教育であるわけがないんです。近代教育って、いったい何だったんだろうって、最近、ほんとにそう思う。大教室で一方的にマイクでしゃべって、重箱の隅を突つくような試験をやって、偏差値にしてみてさ。そんなことがいいという根拠はどこにもないのに。頭を回すことのとても下手くそな、カンの悪いエリートを大量に作っちゃっただけだよ。

奥本　いわゆる秀才というのは、おとなしく覚えるだけの学生になっちゃった。自分からは何も思いつかない。

池田　僕の場合は学生運動の真っ最中で、大学の講義なんてストライキとロックアウトでまったくなかったの。おかげで救われた（笑）。

養老　今の学校教育の意義って、実は一種の福祉事業かもしれないね。ガキどもがあっちこっちにいるとうるさいから、一ヵ所に集めて、ちょっとの間じっとしていろと（笑）。

奥本　たしかに。大学の遊園地化が云々されてすでに久しいけれど、近年ますます拍車がかかっています。何をしたらいいかわからないから、学校に来る。

養老　ひまつぶしに大学に来ている連中がほとんどでしょう。それはともかくとして、脳みそを本当に発達させようと思ったら、座学中心の教育なんてありえない。さっきの話で言うと、感覚が入口つまりインプットで、運動は出口つまりアウトプットなんだ。近代教育は、子どもの知の出入口を見事に塞いじゃっている。

池田　なるほどね。

養老　北里大学に初めて講義に行ったとき、びっくりしたんですよ。いっぺんにこんなに大勢の学生に講義したら、オレ死んじゃうと思った。四百人も入る大教室で、埃っぽくて真っ暗で、あまり使わないからすごく汚い。だから、まず学生を減らそうと思ったのね。

池田　わかる、わかる、その気持ち。

養老　四月の最初の授業で、天気のいい日だったから、最初にこう言ったんだ。「朝の九時からこんな穴倉みたいな所で、おまえらみたいな二十歳になるいい若いもんが、椅子に座って、白髪のじじいの話なんか一時間半も聞いてるんじゃないよ。さっさと外に出て行って、体を使って働け！」って。こっちは昔の感覚だからね、「じゃあ……」って席を立って出て行く学生が、当然何人かいるだろうと思ったわけ。

奥本　昔はそういう茶目っけのある学生がいましたよね。今はひたすらじっと我慢。時間が過ぎるのを待っている。変わったことをしたら、それで終わりだと思っているから。

養老　出て行こうとしたら、その学生を呼び止めて、「お前は見どころがある」と言って、学籍番号と名前を聞いて、「今、この場で単位やるから、明日から来なくていい」と言ってやろうと思っていたわけ。「それじゃ、僕もお願いします」って付和雷同する奴が次々に出てきて、それでだいぶ減らせるかなって勝手に思っていたら、なんと、一人も立たなかったんだよ。そのことに、いちばん驚いちゃった。しようがないから、しぶしぶだけれど、その大教室で一学期やったんだ。

奥本　罠だと思ったんじゃない？（笑）　僕も「教室に来たら単位はやらない」って言ったら、気味悪そうにこっちを窺っていた（笑）。

池田　なんかヤバいと思った奴がけっこういるんだよ（笑）。

養老　それでね、一学期が終わってレポートを書かせたんだよ。感想でも何でもいいから書けって。そしたら何人かが、「最初の授業の冒頭で先生が話したあの一言が、いちばん面白かった」って書いてきた（笑）。「このバカヤロー、落とすぞ」って、一瞬思ったけどね（笑）。でも、それでわかったんだ。小学校、中学校、高校の間に、子どもたちがどういう教育を受けてきたかということが。「教師が教壇からもっともらしいことを言っても、決して実行してはいけない」（笑）。そんなことを十年以上かけて教わってきている。

奥本　つまり、みんなで寄ってたかって、自分たちに責任がかからないように制度をいじくりまわして、子どもの出力を止めているんですね。アウトプットできないように、出口に蓋をしている。

養老　そうなんだ。今の学校教育は、入力は無理やり詰め込むのに、出力はさせない。なんでも頭でこねくりまわせ、理屈をつけろって教えているだけなんだよね。そんなことをしたら、脳みそは止まっちゃうんですよ。小理屈だけが溜まっちゃう。さっきの用語で言えば、脳の中が概念ばっかりでダブダブ状態になる。そして、ある限界を超えると、暴発しちゃうんです。何をするかというと、誰でもいいからホームから突き落とそうとかね。

池田　トラックで秋葉原に突っ込むとかね。ああいうひどく歪んだかたちで出力されることになっちゃう。

養老　ほんと、訳わかんないよ、近頃の若い人たちの行動は。脳の中で入力と出力がちゃんと回ってさえいれば、ごく素直に行動できるようになる。ただそれだけのことなんだけどね。

奥本　たしかに、学校教育が抑え込んでいますね。だから、自分より弱い奴を探して殺したりするんだな。

思いどおりにいかない虫捕りが、子どもを育てる

養老　こりゃあひどいと思ったのは、京都駅に修学旅行の高校生が全員ベターッて座っているでしょ。

池田　ああ、時々座っていますね。専用の待機所みたいなところがある。

養老　それよ。何のためのスペースなのか、最近までわからなかったんだけど、まさか人間用とはね。動物って、常に次にどう動くかということを意識している存在なんだけど、あそこにしゃがみ込んでいる子どもたちには、その気配がまるでない。あれは、動物じゃないね、家畜だよ。指示されるまでは動いちゃいけないって、完全に調教されて

いる。だから、立ちもしないでベターッと座っている。異様な風景です。

奥本　だから、形のそろった農協のトマトやキュウリなんですよ。学齢以前から、そう教え込まれているんでしょうね。そもそも、今の母親がそうやって調教している。「○○しちゃいけません！」って、二言目には叱っている。

養老　そうそう。それで思い出すんだけど、僕の友人に若原弘之君という、ラオスに住んでいる虫捕り名人がいてね。彼は、正反対なの。どういうことかというと、たとえば山の中に若原君が捕虫網を持って、ぽっと立っている。見れば誰でもわかるんだけど、ただ立っているんじゃなくて、ふわっと立っているんですよ。歩くのも、ふわっていう感じ。

奥本　仙人か忍者みたいな男ですから。

養老　そうそう。気になって、しばらく見ていたことがあるけど、山の斜面の上りでも下りでも同じなんだ。歩調がまったく変わらない。当たり前のことだけど、チョウって、どこからが飛んでくるかわからないじゃない？　後ろから頭越しに来るか、足元の草むらから来るか、前から飛んでくるか。どこから現れても、いちばん楽に網を出せる体勢って、そういう「ふわっ」の体勢なんですよ。どこにも力が入っていない。

奥本 いわゆる自然体。

池田 虫捕りの基本です。

養老 そうか、基本かあ(笑)。でね、武道家も同じようなことを言うんですよ。それを古武道の用語では「居着かない」と言うらしい。その場にベターッと居着いていない。次の動きが常に予想されているあり方ですよね。素人が剣を構えると、相手の次の動きを一方向しか予想できない。ところが達人の武道家になると、相手がどこから来てもいいという構えになる。それを「隙がない」と言うわけです。ああいう立ち方をしている男がいると、昔はヤクザも避けて通ったんですよ。

池田 ヤクザも避ける虫捕りの達人(笑)。

養老 そういう意味の体育って、今、ゼロになっちゃっているんじゃない? 体育といえば、オリンピックでやるような競技しか教えないでしょ。体操とかサッカーとかさ。だけど、宙返りしたり、球を蹴ったりしても、日常生活とは関係がない。言ってみれば、西洋風のダンスみたいなものでね。氷の上でサーカスみたいに滑れたって、廊下で転んだりしているんだよ、きっと（笑）。それを体育教育だと思い込んでいるんじゃないのかな。

奥本　野球のピッチャーに話を聞いたことあるんですけど、あの決まった距離じゃないと、凄い球を投げられないそうですよ。あれより近くても遠くても、コントロールが狂っちゃうらしい。ピッチャーの投球って、完全に型にはめて投げていますから。

池田　スポーツも、今は細かい理論がありすぎるらしいですね。しかも情報社会だから、世界的にすぐ普及しちゃう。少年サッカーを教えるメソッドも、世界的にかなり統一されつつあるんだって。

奥本　ビデオとかＤＶＤとか、映像でメソッドが普及されているからね。

池田　だから、アフリカでも中国でも日本でも北朝鮮でも、子どもたちが同じやり方で練習させられている。ドリブル上達法とか、ターンの仕方とか、みんな同じ。世界標準なわけですね。

養老　まさしく調教だな。

池田　だから、世界中から同じような選手しか出てこない。やっているサッカーもみんな同じようになっちゃう。大人のプロのゲームも、学生の試合も、子どもの大会も、みんな同じようなサッカーしかやっていない。というよりも、やれない。標準メソッドに従わないような個性派は、クラブとか学校の部活に残れなくて、排除されちゃうから。

養老　それは僕は、絶対に身体に関するファシズムだと思う。ヨーロッパ起源のスポーツには、似たようなものが多いんですよ。その点、日本の武道はちょっと変わっている。一見ファシズムみたいだけど、実は自由なんです。剣道だって柔道だって、礼儀や技はいろいろあるけど、最後は気合でしょ。

池田　そうなんです。スポーツの醍醐味というのは、技術・戦術・体力に劣る側が優る側にどうしたら勝てるかという一点にある。そりゃそうですよね。勝てそうにない相手に勝つことが、無上の喜びなのであってね。じゃあ、どうしたら勝てるかと。さらに言えば、選手それぞれがスタンダード以上のことを試合で実践する以外にない。要するに、教えられた以上のこと、スタンダードを超えるプレーを実践するしかない。コーチや先生の顔色ばかり見ている奴は、結局のところ役に立たないわけですよ。

養老　そうなんだ。それをふつう、「カンがいい選手」と言うわけだよ。「動物的な感覚」と言ってもいい。

奥本　今流行のマニュアル頼りの教育では、そのカンが育たない。むしろ、殺してしまいます。

養老　偏差値教育がダメにしているんだよ。

池田　そもそもスポーツをマニュアルで教えられると思っていること自体が、間違いなんじゃないの？　実地で体を動かして、状況に反応して、インプットとアウトプットを繰り返しながら、自分でカンを鍛えていくしかないんじゃないかな。

奥本　スポーツ選手にも、虫捕りが必要だ（笑）。

養老　まったく、そのとおり。

池田　虫捕りもスポーツも、辛抱とか努力の結果でしょ。思いどおりにならないということを痛感する。思いどおりにならないのが当たり前なんだということの意味が大きい。ゲームだって、本来はスポーツと同じようなもののはずなのに、攻略本があったりして、思いどおりになっちゃう。

奥本　虫は思いどおりにならない。不条理である。そこが魅力であって、ゲームにはない、思いがけない筋書きが展開していく。

養老　自分の思いどおりにならないはずがないと思っているから、ストーカーみたいなものも出てくるんじゃないのかなあ。

池田　もともと思いどおりになんかならないと思っていれば、思いどおりになったときに、嬉しいと感じる。捕れるわけがないと思いながら虫捕りをしていれば、たまに捕れるとすごく嬉しい。友達と一緒に行って、自分だけが捕りたい虫を捕れないときの惨めさとか、いろいろなことがあるじゃないですか。そういう経験は、子どもの成長にとって、とても重要ですよね。で、絶対あいつよりたくさん捕ってやる、どうしたら捕れるだろうと工夫したり、探したりするでしょ。あるいは、あいつはこうやっているんだなと一目置いたりね。

奥本　子どもをダメにしようと思えば、何でも与えればいい。これはルソーの言葉ですけどね。何でも次々に与えられたら、まったく欲望がなくなっちゃうと思うの。「何か食べたい?」って聞いても、「べつに」って返事が返ってくる。「強いていえば、マックのあれかなあ」ぐらいになっちゃうでしょ。今の子は、腹を減らしてないもんなあ。

池田　うまいものはたまに食うからうまいわけで、毎日毎日ご馳走を食っていたら、ありがたみも何もないですよ。

奥本　今の子には、死ぬほどお腹がすいたという体験がないでしょ。いつになったらご飯を食べさせてもらえるかわからないという、不安な状況もない。

池田　僕らはうんと腹が減っていたから、学校から帰ってきて、戸棚にせんべいでもあれば、「やったぞ、今日はラッキー！」とか思いましたもの。

養老　僕は食料自給率を上げろっていう農水省の会議に出ているんだけど、教育のためには、もっと食料自給率を下げるべきかな（笑）。

注

（1）**箱根昆虫館**　神奈川県箱根にある、養老孟司氏の別荘。設計は建築家の藤森照信氏。一般には非公開。標本室、標本作製室などを備える。今回の鼎談はここで行われた。

（2）**『堤中納言物語』**　平安時代後期に成立した物語集。「逢坂越えぬ権中納言」をはじめとした10篇の物語と1つの断章からなる。「虫愛ずる姫君」は、身分の高い姫君が身だしなみに気を使わず、さらにチョウの幼虫をかわいがり、周囲から気味悪がられるという話。

(3) **アシダカグモ**　アシダカグモ科。体長は雄20㎜、雌30㎜ほど。巣を作らない徘徊性のクモとしては日本最大。関東以南の太平洋沿岸地域の家屋内に住んでいる。ゴキブリを捕食するため、人間にとっては益虫。

(4) **カニムシ**　カニムシ目に属する動物の総称。クモ綱に属するため昆虫ではない。触肢が大きなハサミ状になっている。外見がサソリに似ているため「擬蠍目」とされることもある。

(5) **ザトウムシ**　メクラグモ科の動物の総称。その歩き方が、盲人が杖で道を探りながら歩く姿に似ているためにこの名が付いた。

(6) **ハエトリグモ**　ハエトリグモ科。体のわりに脚が短く太いのが特徴。4つある眼のうち、中央の2つが大きくて愛嬌のある表情に見える。ハエやガなどの昆虫を捕食する。

(7) **ファーブル昆虫館**　正式名称は「ファーブル昆虫館　虫の詩人の館」。文京区千駄木にある。NPO日本アンリ・ファーブル会（奥本大三郎会長）が管理運営する。ファーブルや昆虫、自然に関する展示や、子どもたちに昆虫への親しみを持たせるためのイベントを行っている。詳細はhttp://www.fabre.jpまで。

(8) **東海村の原子力事故**　東海村JCO臨界事故。1999年9月30日、茨城県東海村のJCO東海事業所内で、核燃料が核分裂反応を起こした。正規の作業手順に従わなかったことが原因とされている。作業員3人が被曝、2人が死亡した。この事故で核分裂を起こした核燃料は全部で1㎎。

(9) **パトス**　ギリシャ語で「情熱」や「情念」を表す言葉。

(10) **白川英樹**　化学者。1936～。東京都生まれ。電気を流すことができるプラスチックを発見し、その研究を通じて2000年にノーベル化学賞を受賞。

(11) **福井謙一**　化学者。1918～1998。奈良県生まれ。「フロンティア軌道理論」の研究で、1981年にノーベル化学賞を受賞。

(12) **寺田寅彦**　物理学者、随筆家。1878～1935。東京都生まれ。師の夏目漱石が、彼をモデルとした人物を『吾輩は猫である』などに登場させている。『漫画と科学』『科学と文学』など、理科系と文科系を融合させることを目指した著作も多い。

(13) **今西錦司**　人類学者。1902～1992。京都府生まれ。ニホンザル、チンパンジーなどの研究を進め、日本の霊長類社会学の礎を築いた。登山家、探検家としても知られており、中国・大興安嶺、モンゴル、カラコルム、アフリカなどで調査隊を率いた。

(14) **熊谷守一**　洋画家。1880～1977。岐阜県生まれ。抽象度が高く、対象物を極限まで単純化して描く「熊谷様式」を打ち立てる。洋画だけではなく、墨絵や書、木版画も制作した。

(15) **円山応挙**　日本画家。1733～1795。現在の京都府生まれ。西洋の細密画に強い影響を受け、写生を重視した画風が特徴。装飾性豊かな作品を数多く残した。

(16) **イディオ・サヴァン**　サヴァン症候群。自閉症など精神面の発達障害を持つ患者のうち、ある限られた特定の分野において優れた才能を示す者のこと。駅名や地名、カレンダーや時刻表などの機械的な記憶や、細密な絵画などに才能を示すことが多い。

(17) **カシノナガキクイムシ**　ナガキクイムシ科の甲虫。体長約5㎜。ミズナラやコナラの木の幹に穴を掘って繁殖する。雌の胸部には5～10個の穴があり、そこで幼虫の餌となる菌類を培養する。

(18) **王台**　ミツバチの巣で、女王バチを育てるための専用の巣穴。通常の巣穴より大きく、ロイヤルゼリーが蓄えられている。

(19) **分蜂**　分封とも書く。主にミツバチに見られる巣分かれのこと。新しく女王バチが生まれると、以前からいた女王バチは巣の中の約半数の働きバチを率いて巣を出る。働きバチが新しい巣に適した場所を見つけると、移動して新たな巣作りを始める。

(20) **ダーウィンフィンチ**　ホオジロ科に属するダーウィンフィンチ他の鳥の総称。ガラパゴス諸島などに分布し、主食とする食物の種類によってくちばしが変化しており、これがダーウィンが進化論を提唱するうえでの重要な根拠となった。

(21) **ルリクワガタ**　クワガタムシ科の甲虫。ルリクワガタ属の最大種。ルリクワガタ属の総称として使うこともある。体長10㎜ほどで、雄の大あごはほとんど発達しない。

(22) **モルルクス ピニボラス** 学名Molorchus pinivorus Takakuwa et Ikeda. 和名オニヒゲナガコバネカミキリ。

(23) **モルルクス ミノール** 学名Molorchus minor. 日本には亜種のMolorchus minor fuscus Hayashi（和名シラホシヒゲナガコバネカミキリ）が分布している。

(24) **カール・フォン・リンネ** 博物学者、生物学者。1707～1778。スウェーデン出身。動植物を、属名と種名の2つのラテン語で記述する二命名法を確立した。

(25) **モルルクス イケダイ** 学名Molorchus ikedai Takakuwa. 和名ホソムネシラホシヒゲナガコバネカミキリ。

(26) **デルフト** オランダを代表する陶器。オランダ南西部のデルフト市で発展した。17世紀に日本や中国の陶器に影響を受けて誕生した。「デルフトブルー」と呼ばれる美しい藍色が特徴。

(27) **セーブル** 18世紀に成立したフランスの磁器。王立の窯であったために製品は稀少で、高値で取引された。特徴は「王者のブルー」と呼ばれる色彩の美しさ。

(28) **ルートヴィヒ・ウィトゲンシュタイン** 哲学者。1889～1951。オーストリア・ウィーン生まれ。世界と言語との関係についての思考を追究した。『論理哲学論考』などの著作がある。

(29) **ピエール＝シモン・ラプラス** 天文学者。1749～1827。フランス生まれ。『天体力学』『宇宙体系解説』などを著した。「あらゆる出来事は、それ以前に起きたことのみによって決定される」という決定論を唱えたことでも知られる。

(30) **アナフィラキシー** ハチ毒、食物、薬物などが原因で起こる急性アレルギー反応の一つ。口唇や手足のしびれ、血圧低下などの症状を引き起こし、生命の危険につながる場合もある。

第二章

虫が生きにくい社会にしたのは誰か——虫の世界から見た環境論

虫の数は減ったのか

養老　僕は、東大に勤めてからも助手のときぐらいまでは虫を捕っていたんですよ。今の僕を見ると信じられない話かもしれないけど、ある時から全然捕らなくなった。その理由の一つは、環境が激変し、これ以上、虫を捕ったらかわいそうだと思ったからです。昭和四十年代後半、高度成長期が始まった頃で、あの当時が一番ひどかった。

奥本　東京オリンピック以降ですね。

池田　東京オリンピックを境に、がくんと虫が減りましたね。

奥本　ちょうどその頃からでしょ、自然保護がどうとか、虫を捕るなとか言いだしたのは。

養老　そうなんです。

奥本　大規模な国土開発、つまり自然破壊を始めた後ろめたさが、矛先を変えて虫屋への攻撃になったんですよね。野鳥の会が頑張っちゃったりして。野鳥の会は、昆虫捕集に反対なんですよ。野鳥は、虫をついばんで生きているけど、ひと頃の鳥屋は虫屋を突ついていた。

池田　鳥のために。

奥本　そうでしょ。本当は、餌として虫をいちばん捕っているのは鳥なんだけどね。センチメンタルに反対する人がいる。

養老　俺なんか、鳥の食う量の何万分の一しか捕っていないもの。鳥は凄いよ。

奥本　メジロでもシジュウカラでも、ものすごい数の虫を捕りますからね。

池田　シジュウカラ一羽が一日に捕る虫を、僕なんか一年がかりですよ。

養老　鳥のやつら、珍品も何も区別しないでバクバク食うもんな（笑）。二十年くらい前の話だけど、教授室の窓から、ヒヨドリが虫みたいなものを食っているのが見えた。大急ぎで出て行って、何を食っているのかと思って見たら、タマムシなんですよ。「タマムシなんてめったにいないんだから、食うんじゃねえよ」って、ヒヨドリに説教しておいた（笑）。

池田　野鳥の会がどうして虫捕りに反対しているかというと、たぶん、自分たちが鳥を捕れないからでしょうね。本当は、鳥を捕って標本を作りたいのかもしれない。

養老　鳥の標本ってかなり価値があるらしい。この家を建てたとき、ガラス窓にウソがぶつかって落ちて、ウソの完品が捕れたんです。埋葬しちゃったけど、その話をしたら、欲しいという鳥屋が大勢いましたから。

奥本 実は欲しいんですよ、彼らも。公には言えないけどね。子どものときに、トリモチで鳥を捕ったなんていう話を鳥屋もするんですけど、「活字になるなら、あとで消してください」って言ってくる。

養老 まあ、そんなわけで虫捕りをやめていたのに、いい年になってからまた虫捕りを始めたのは、もうクソ食らえと思ったからですよ。「ここまで虫が減ったら、もう関係ない」って。「自分が捕ろうが捕るまいが、社会が虫を減らしているのなら、もう知らねえ。俺が見てねえうちに、またこんなに減らしやがって」という勝手な理屈で、また捕りだしたんです。

池田 虫は減ったと思います。種類も変わってきましたよね。

養老 今はあちこちで虫を捕っているけど、どこに行っても少ないね。山の中なのに、こんなに虫がいないはずはないと思うくらい。

奥本 環境があまり変わっていないように見えるところでも、昔いた虫がいませんよね。

小さなハチとかアリとかオサムシとか、ごく普通に見かけた虫が減りました。ミミズも減っているでしょ？

池田　やっぱり虫の数そのものが減ったんですよ。

奥本　チョウもガも減っている。食草があってもダメ。

池田　チョウは、特種なチョウだけが増えている気がします。ナガサキアゲハ[1]は増えているでしょ？

養老　テングチョウ[2]も増えているんじゃない？

奥本　去年から、千駄木のファーブル昆虫館の周りには、南方系のツマグロヒョウモン[3]がずいぶん増えました。それからユリ科のホトトギス（杜鵑草）を植えたら、ルリタテハ[4]もちらほら見かけますね。去年は、お茶の水女子大学の正門でナガサキアゲハを見ました。今年はそこのテニスコートの裏にミカンの木をいっぱい植えたので、ナガサキアゲハが飛ぶと思う。そのわりにモンキアゲハ[5]は北上しませんが。あと、ウラナミシジミ[6]も増えてきています。ウラギンシジミ[7]はもちろん冬を越しているし、ムラサキツバメ[8]が皇居の外苑にいるのには驚きますね。いるはずのない南方系のチョウが、東京には増えてきました。

池田　そうやって変わっていくのは、見ていて面白いですよね。

養老　地球温暖化論者は、その変化を見て「ほら見ろ。温暖化の影響だ」って言うんでしょうね。

奥本　南にいたチョウが都内でも見られるようになったのは、食べ物が増えたということもあるかと思うんですよ。耐寒性のある園芸品種のサンシキスミレが増えたから。サンシキスミレがツマグロヒョウモンの餌になっているんでしょう。

池田　間違いなくそうですね。

養老　ツマグロヒョウモンはスミレを食べるんだけど、スミレって小さいし、ツマグロヒョウモンはでかいじゃない？　日本のスミレだと餌が足りないんですよ。昔は、よっぽどスミレが豊かにあるところじゃないと、ツマグロヒョウモンは繁殖できなかった。ところがサンシキスミレのパンジーって、花がでかいでしょ。

池田　花はでかいし、しかも東京あたりだと冬でも生き生きしている。

奥本　パンジーに限らず、耐寒性のある品種が今増やされている。

池田　普通のチョウは、冬になると蛹になったり、卵で越冬したりする。でも、ツマグロヒョウモンは幼虫越冬だから、冬でも餌が要る。それで、寒いときはじっとしているんだけど、少しでも暖かくなると、表に出てきて餌を食べる。ある程度以上に寒くなれば死んじゃうけど、東京の街なかは零下になんかならないから、死なないんですよ。一〇℃くらいになったときに出てきて、食べては育つ。それでどんどん増えちゃうんですね。

奥本　サンシキスミレは完全に人為的なもので、冬でもきれいに咲いているから、ツマグロヒョウモンの幼虫が冬も出てくるようになっちゃった。温暖化が問題だって言うけど、寒冷化のほうが問題ですよ。気温がある程度以下にならないということがね。

池田　東京の街なかは、ほとんど氷も張らないでしょ。ツマグロヒョウモンが問題なく繁殖できる環境ですよね。世田谷に義理の妹の家があるんだけど、庭に気持ち悪い虫がいっぱいいるって言われて見に行ったら、ツマグロヒョウモンだった。高尾の自宅の庭にスミレがいっぱい生えているので、そのツマグロヒョウモンを持ち帰って放してみたんだけど、高尾は都内より寒いから、冬を越すのは大変だったみたいですね。蛹はいっぱいつくったんだけど、幼虫にも蛹にも寒すぎた。

奥本　都内なら平気ですよ。昔は、ツマグロヒョウモンは東京には全然いなかったと思う。中学一年のときに大阪でツマグロヒョウモンを発見したときは、カバマダラ(9)かと思ったんですよ。

池田　ツマグロヒョウモンの雌はカバマダラにそっくりですね。僕も十年以上前、京都で研究会をやっているときに、庭にカバマダラが飛んでいると思って飛び出していったら、ツマグロヒョウモンの雌だった。そのときは、こんなところにもツマグロヒョウモンがいるんだなと思ったけど。

奥本　四十年くらい前に『原色日本蝶類図鑑』を作った横山光夫も、「関西では珍しい」と書いています。関東では、今やド普通種と言われている。ツマグロヒョウモンがカバマダラに擬態しているとすれば、少なくとも東京では意味がない。モデルになるカバマダラがいないんですから。

池田　ほんとにこの五年くらいですね、怒濤のようにツマグロヒョウモンが増えたのは。今はツマグロヒョウモンがいちばん多いんじゃないですか。以前はミドリヒョウモン(10)が増えていたけど、今はミドリヒョウモンもあまりいなくなっちゃった。

奥本　うん、いなくなった。

見かけは同じ環境でも、内容が違ってきた

養老　春先から秋までは、細かい昆虫がいっぱい飛んでいた。それから、小さなハチね。最近はほとんど見なくなったな。

奥本　ハチは減りましたね。キンケハラナガツチバチ(11)が減ったので、アオドウガネ(12)が増えたとも言います。

養老　木漏れ日を透かして見ると、たくさん見えたのに。

奥本　去年かおととし、箱根の養老さんのところに行ったときには、ムネアカセンチコガネ(13)が飛んできて嬉しかったな。

養老　何が減ったかというと、セスジエンマムシ(14)とか、小さなハネカクシ(15)とかですね。この時期にはよく飛んでいたんですよ。下肥や堆肥があった時代には、たくさんいました。

奥本　犬のペットフードをぶちまけておくと、東京でもハネカクシがたくさん集まりますよ。

池田　多摩動物園の飼育係をしていた森田さんという人が言うには、戦後しばらく、学習院の森にクワガタがいっぱいいたそうです。ノコギリクワガタとコクワガタをバケツに山ほど捕ったって。一九四五～六年頃の話だと思うんですけど。

奥本　それだけいたんでしょうね。

池田　今は全然いないですよ、そんなもの。コクワガタはちょっといるかもしれないけど。森は同じように残っているけれど、環境が全然違ってきているんですよね。

奥本　見かけは似た環境なのに、内容が全然違うということは、イボタガ[16]を見るとわかりますね。イボタガがいてもいい環境なのに、全然いないんですから。

養老　イボタノキ[17]は切らなかったでしょ。

奥本　イボタがあっても、イボタガがいないんですよ。

池田　イボタガなんて、家の庭にもよく飛んできた。僕もいくつか標本を持っていますけど、きれいですね。

養老　いなくなったといえば、ゴマシジミ(18)はどうですか。

池田　ゴマシジミは、もうどこも少ないですよね。あれはアリと共生しているからね。そのアリがいなくなった。

奥本　ウラゴマダラシジミ(19)はいますね。

池田　ウラゴマダラシジミは、多摩川の川原なんかにいっぱいいます。あそこは河川敷にイボタが生えているでしょ。でも、イボタガはやっぱり、あまりいないような気がする。増える虫といなくなっちゃう虫がいて、その違いがよくわからないですね。

奥本　モンキアゲハは、昔からずっと神奈川にいたでしょ。温暖化のことを言うなら、ナガサキアゲハが増えてきているんだから、モンキアゲハも増えていいはずなのに、そうはならない。

池田　そうそう。モンキアゲハの数は変わらなくて、ナガサキアゲハに追い越されているんです。

奥本　この前、大阪に行ったときは、飛んでくる黒いチョウが全部ナガサキアゲハでしたね。

池田　僕も四年前、自宅の玄関を出たところでナガサキアゲハを見てびっくりしました。

奥本　そりゃ、びっくりしますよね。

池田　玄関のところにいつも網を立てかけてあるんで、すぐに捕ったけど。

養老　テングチョウも増えてるんじゃない？

池田　テングチョウは最近増えましたね。昔は比較的珍しかったけど。ゴマダラチョウ(20)もオオムラサキ(21)もテングチョウも、みんな同じ餌を食べているのに、なぜかテングチョウだけ増えている。逆に、ゴマダラチョウは減りました。オオムラサキは、いるところにはいますけど。

奥本　アカボシゴマダラ(22)は日本に定着しましたね。

池田　アカボシゴマダラは、誰かが大陸から生きた虫を持ってきて放したんです。

養老　もう亡くなった人だけど、鎌倉の磐瀬《いわせ》太郎さんという、虫の同好会のリーダーだった人の家に去年、行ったんです。家がなくなって塀だけが残っていたんだけど、その塀の前にエノキがあって、アカボシゴマダラがくっついていましたよ。磐瀬さんが生きていたらなんて言うかなあと思って。

奥本　アカボシゴマダラは、わりに下のほうの枝に付くんですって。ゴマダラチョウが上のほうにいて、アカボシゴマダラが下というふうに棲み分けているという説があります。

養老　そういう意味では、たしかに下にいましたね。

奥本　中国の青城山《せいじょうさん》や峨眉山《がびさん》と同じ状況になっちゃった。

池田　鎌倉あたりのアカボシゴマダラは、奄美のじゃなくて大陸原産だからね。

奥本　雌の春型は白っぽくて、飛んでいるとオオゴマダラに見えますね。

池田　きれいですよね。白いから、最初は何だかわからなかったけど。

餌の変化が昆虫相を左右する

養老　オタクっぽい話だけど、ニジゴミムシダマシ(23)とナガニジゴミムシダマシのでかいやつが、鎌倉の近くの小さな洞窟にいたので調べてみたら、フトナガニジゴミムシダマシという種類だった。昔はいなかったのに、いつの間にか種類が入れ替わっているんです。鎌倉だと、環境の変化によって自然にこうなったんだということが、わかることがある。たとえば、クロカミキリ[24]とかクロタマムシ[25]は、僕が子どもの頃はやたらといたんです。でも戦後、松枯れが進んじゃって、今はマツがあまり残っていないから、たまに残っているマツが枯れているところに移動している。そういうのは、見ているだけで虫の数がわかるんです。

奥本 小学生が夏休みの宿題で作る昆虫標本には、必ずクロカミキリもクロタマムシも入っていましたよね。

池田 クロカミキリはたしかに減りました。昔はめちゃくちゃいたけど。

養老 ただ日本中で松枯れが進んでいるから、松枯れしている地方ではみな、こういう変化が普通なのか普通でないのかは、調べてみないとわからないな。

池田 二、三年前の夏に那須へ行ったときに街灯を眺めていたら、クロカミキリがいっぱいいた。だから那須では松枯れが進んでいるんでしょうね。

奥本 ちょうど食べごろのやつがね。

池田 あんな山奥にクロカミキリがいるのに違和感があったんです。クロカミキリは海のそばの生き物ですからね。生態系の変化は、やっぱり餌と関係している。でもヨツボシカミキリ(26)みたいに、なぜ減ったのかわからないものもある。昔はけっこう見かけたし、庭でも捕れたのに。今はめったに捕れませんよ。

奥本 箱根ならまだ捕れるでしょ。

養老 いや、全然見ないよ。

池田 あれは、コナラとかクヌギとか、その辺にいくらでもある雑木を食べているのに。

奥本 薪がないからじゃない？　昔は、薪を積んだところにいたじゃない。それから土場もたくさんあったし。

養老 薪とか炉とかも、もうないよね。

池田 逆にルリボシカミキリ(27)は増えています。

奥本 あのきれいなのは歓迎ですね。

池田 以前は考えられなかったけど、家ではルリボシカミキリが時々庭を這っているんですよ。温暖化って言ったって、あれはブナ帯の虫でしょう。町田あたりにいるんだから、よくわからんな、虫は。

養老 五、六年前は山ほど捕れた虫も、その後ずっと捕ろうとしていてもあまり捕れない。ある年、ボーンと多くなって、スーッといなくなっちゃう。不思議だなって思いますね。

奥本 「今年豊作だったから、来年も」と思っても、全然ダメですね。

養老 そういう消長って、あまり調べられていないからね。

奥本 日本環境財団(28)で、わりと丁寧に調べているんでしょ。豊作の年は、寄生蠅や寄生蜂が大発生するのかなあ。次の年は逆にものすごく減りますよね。

池田 昔、法師温泉でウラクロシジミ(29)の幼虫を二百頭ほど捕ったとき、九〇パーセントくらいは寄生されていましたね。捕ってきた幼虫のほとんどが成虫にならなかった覚えがあります。だから寄生虫というか、寄生蜂、寄生蠅って、凄い。

奥本 でも、自分たちの大切な食べ物だから絶滅させないように、何パーセントかは寄生しないで残しますよね。

池田 ある程度は残さないと、自分たちがアウトになっちゃいますからね。ゼフィルス(30)が減ったのは木を切らなくなったからかな。里山などには残っているけど、ウラナミアカシジミ(31)なんて、ずいぶん減ったでしょ。木を切ると蘖《ひこばえ》が出てくるから、新芽を食べて増えるのかな。昔は夕方になると、梢が赤くなるほどアカシジミやウラナミアカシジミ[32]が飛んでいましたけど、今はそういう光景って、全然見ないですね。

奥本 それを考えると、薪炭林の減少は、やっぱり大きいでしょうね。林の手入れをしなくなったから。

池田 うん、やっぱり里山はね。

ゴルフ場開発は虫の大殺戮

養老 なぜかは知らないけど、虫の濃度が下がったんじゃないのかな。シシウド[33]なんか、からっぽだよ。

奥本 昔は山に行くと、シシウドに普通種のハナカミキリ[34]とピドニア[35]が山ほどいたのにね。今はあまり捕れないから、集めがいがあるのかもしれないけど。昔はピドニアなんて、腐るほど捕れましたよ。南仏やコルシカに行くと、今でもシシウドの仲間に、タマムシ、ハナカミキリ、ハナノミ[36]、カッコウムシ[37]なんかがいっぱい来ていますよ。だけど日本では、本当に見なくなったなあ。土そのものに生命力が感じられない。土壌微生物なんて、どうなっているんですかね。化学肥料をやるだけで減ると言いますけど。

養老　僕もそれ、非常に気になっているんですよ。

池田　やっぱり、薬を撒くでしょ。日本にはこれだけゴルフ場があって、ゴルフ場で撒いた薬が土壌まで染みとおっているはずだから、土壌微生物もずいぶん減っているんじゃないかな。

養老　国立公園では個人が虫を捕るのを規制しているのに、箱根には三つも四つもゴルフ場がある。自然保護という観点からすれば、むちゃくちゃ変な話ですよ。

奥本　畑の近くも農薬が飛んでくるから、農地があってもダメなんです。住宅地にもすぐに薬を撒くし。

池田　だいたい、平気でゴルフをやっているような人たちが、虫を捕るなって言ったって、まるで説得力がないよ。ゴルフ場を作れば、そりゃもう大殺戮ですよ。山があったところを切り拓いて、草原だったところに芝生を植えてね。たっぷりと除草剤を撒き続けるんですから。まったく、何を考えているのかね。

奥本　そもそも、その経緯に思いを致さない。ゴルフ人口は多いしね。

養老　農薬を撒き散らして、そこで育てたきれいな野菜ばかりを食べたがっている人たちは、どう思っているんだろう。

奥本　その意味では、厳密にいえば、農業そのものが営々たる自然破壊ですからね。それでも昔の、里山の農業などの場合は、ある程度自然と調和してきたんです。そのおかげで、カブトムシやクロアゲハをはじめとするたくさんの虫が増えていますからね。クヌギ林がなければカブトもクワガタも少ないだろうし、ミカンの畑がなければアゲハの仲間も少ないでしょう。でも、原生林には意外に見当たらないんですよね。樹冠（キャノピー）なんかにいるんですけど、下にはいません。

養老　ジャングルの中って、要するに地下なんですよ。

池田　探しようがないもの。捕りようがない。熱帯降雨林で下を見ながら歩いても、ほんとに何にもいない。下は暗いから、樹冠にいるんです。間伐してバーッと切り拓かれると、そこにチョウが降りてくる。だから、チョウを捕るなら沢筋がいいんですよね。

奥本　水があって、花が咲いているような場所がいい。それと大木が倒れて光が差し込んでいるような場所ですね。

豊かな土壌を残さなければ

養老　虫が減ったのは、土壌の生態系が壊れたことがいちばん影響していると思う。虫は土壌の上に乗っていますからね。土壌の生態系を構成している細菌や菌類、カビなどについては、ほとんど調べられていないもの。

奥本　虫の場合は、餌にも菌類が混ざっていますよね。

池田　クワガタは菌を食べていますしね。昔はそれがわからなくて、餌に蜂蜜を混ぜたりとか、馬鹿なことをやっていた。

奥本　生木をミキサーにかけて、味の素と蜂蜜と砂糖を混ぜて。

池田　小麦粉も混ぜたりしたけど、クワガタがちっとも大きくならない。自然のクワガタは、キノコの菌糸を食べていたんですよね。その大発見があったから、クワガタの飼育が簡単になった。クワガタがとっても重要な昆虫だったら、ノーベル賞ものの大発見ですよ。

奥本　オトシブミ(38)のゆりかごは、菌類で発酵させてから食べるでしょ。

養老　そのまま食べたって、ただの枯れ葉だものね。土壌中のＤＮＡって、めちゃくちゃ豊富なんですよね。多様性も高くて、いろいろな細菌がいる。抗生物質も、土壌微生物から生まれたものが多いでしょ？　だから、こういう豊かな土壌をきちんと残さなきゃいけないんです。

奥本　そういうものがいなくなって、ほんとに〝清浄〟土壌になったら終わりですよね。

池田　今の人は、きれいという価値観をすごく重視するけど、きれいを徹底すると多様性が減るんです。公園がいい例ですよ。高尾山だって、遊歩道の周りの枯木が倒れて遠足の子どもがケガをしたとかで、あっという間に木を全部切っちゃった。木がなくなったら、虫なんかいるわけないじゃない。

奥本　「道から外れて枯木のところに行かないでください」って、規制したいんですよね。

池田　遊歩道から一〇メートル以内の枯木を、みんな切っちゃったんです。立ち枯れは「スタンディングデッド」と言って、昆虫の宝庫でしょ。あれを一本を切るだけで、いろいろなものがいなくなっちゃう。

奥本　立ち枯れが一番なんですよね。そういうことを、高尾山を管理している人は何にも考えていないでしょ。

養老　だって、「管理する」という考え方が、そういうことだもの。

奥本　役人の発想ですからね。「人がたくさん来て、事故が起きず、お金を落としてほしい」って。

養老　日本人は基本的に、考え方が官僚的なんだよね。

奥本　特に最近、官僚的な人が増えてきたような気がしますね。大学の先生も、みんな官僚みたいな顔つきになってきたもの。

池田　そういうこともあって、虫がいなくなっている。

ガがいなくなってきた

養老　たしかにここ数年、虫は全般的に減っている気がします。僕は虫捕りに行くと雑甲虫を捕るから、普通は毒ビンが真っ黒になっちゃうんだけど、この頃はあまりならないですね。

池田　昔は全部捕ると大変だったから、虫を選んで捕っていた。でも今は、見えている虫を全部捕っても大した量にならない。そういう意味では、種類はともかく、虫の量が減りましたね。

奥本　それを言えば、昭和三十年代の初めは、夏の夜に窓を開け放して電気をつけておくと、虫が集まっちゃって凄かったでしょ。網戸が普及し始めた頃ね。朝、ほうきでガの死骸を掃いた覚えがあるもの。開けておくと、毎晩夜間採集（笑）。

池田　僕は中学校のときにガを集めていて、高尾山のケーブルカーの頂上まで、友達と徹夜で捕りに行ったことがあるんです。宿直の職員さんがいて、僕たちが「ずっとやっていていいですか」って聞くと、「いいよ」って。彼らは寝ちゃうんだけど、ガを集めるために一晩中電気をつけておくと、朝にはガの死骸が山ほど落ちている。それをみんなで、一所懸命ほうきで掃いた覚えがあります。それほどいましたよ。

奥本　その生き残りが、トイレにいたりしてね。

池田　そうそう、今はそういうことはなくなってきた。今日、神奈川県[39]の宮ヶ瀬湖を通って来たんだけど、あそこの駐車場の脇のトイレは、かつてヤママユの宝庫でしたよね。必ず十五頭ぐらいは捕れました。

奥本　池田さんには、思い出のトイレでしょ。

池田　女房に網を持たせて、「女子トイレに行って捕って来てくれ」と頼んだことがあった。こんなにでっかいヤママユで……。黄色い雌は、なかなかカッコいい。

奥本　完品はあまり手に入らないしね。

池田　ヤママユ自体が減りました。だから、ああいうでかいガの繭……ウスタビガ(40)の繭だって、最近山に行ってもあまり付いていません。

奥本　そうですね。

池田　昔はよく木の枝から下がっていましたよね。上の部分を切って、小銭入れみたいにして、子どもの頃に遊んでいた記憶があるけど。

奥本　今はわざわざ捕ってきて、昆虫館で見せていますよ。

養老　あの全部が透けて見えるやつ？

池田　いや、緑色のやつ。

奥本　ヤマカマスでしょ。で、透けているのが、スカシダワラっていって、クスサン(41)の繭。

池田　そうそう。クスサンもいいよね。
奥本　クスサンなんて本当に普通種だったでしょ。
池田　今はいなくなっちゃいましたね。昔はクリの木に、シラガタロウっていうクスサンの幼虫がすごくたくさん付いていましたよね。気持ち悪がって見ていたけど、クスサンも見なくなった。
奥本　駒場の東大のイチョウを食べていましたね。
養老　イチョウの木に、よく付いている。
奥本　イチョウの木を食べる虫がいるんだなって感心した。漢籍でも和書でも、イチョウの押し葉を挟んで虫除けに使ったでしょ。

水銀灯と交通事故で死ぬ虫たち

池田　やっぱり、ガは減ったんですね。特種なチョウだけ増えて。
奥本　それは変だね、ガが減るなんて。ガはもう少し強いかと思っていたけど。
池田　たしかにそうですね。

養老　明かりのせいだよね、きっと。

奥本　やっぱり誘蛾灯だな。あの水銀灯がいけない。

池田　誘蛾灯に来た虫って、なんだかんだって死んじゃうんです。

奥本　同じような環境があっても、電気に来る虫は減りましたね。

養老　鎌倉の駅前では、夏になると、よくオオミズアオ[42]が飛んできていたけれど。

奥本　オオミズアオはアメリカハナミズキを食っていると言う人がいる。アメリカハナミズキは街路樹としてよく植えられていますからね。ただガの場合は、水銀灯が誘蛾灯の役目を果たしたんじゃないかな。誘蛾灯が、ガやコガネムシを集めて殺しちゃった。

池田　水銀灯を立てると、一年目と二年目は、ものすごい数のガが来るんですよ。だけど、三年目以降はだんだんいなくなって、十年経つとまったくいなくなっちゃう。

奥本　今のガソリンスタンドは、虫を嫌って、虫の来ないオレンジ色の明かりにしているじゃないですか。せめてあれを普及してもらいたいですよね。沖縄のヤンバルテナガコガネ[43]だって、水銀灯に来たんでしょ。

池田　最初はそうですね。

養老　あとは、交通事故が多いよね。

奥本　チョウもガも、交通事故は凄いですよ。コーンって当たって死んじゃうから、高速道路の道端をずっと歩いていくと、チョウの死骸がいっぱい拾えるんです。

池田　北海道へ行ったときに、層雲峡の奥の道路脇でオオイチモンジ(44)をたくさん拾いました。もう本当に凄い量が落ちていた。あの数を調べた人がいましたよね。

奥本　自動車の上に捕虫網を付けて、その面積で調べるわけでしょ。

池田　そう。もう、何十万頭と殺しているらしいね。

奥本　「昆虫採集で虫を殺すのはけしからん」と言うけど、車で殺す数のほうが凄いんですよ。

池田　ちょっと車を動かしたら、われわれが網で捕る一年分を一週間くらいで殺しちゃうでしょ。特に夜中に走ったら大変。ガなんてバンバン死んでいます。

奥本　昔は車の窓ガラスにも、よく虫がビシビシ当たっていましたよね。コガネムシから、ガからね。

養老　箱根でも七月末から八月にかけては窓を開けられないんだけど、窓にぶつかってくる虫が仕事中に気になって、何が来たのか見に行くから、ちょっと邪魔される。いや、見に行って確かめられるくらいの数になっちゃった。

奥本　佐藤春夫の『田園の憂鬱』で、主人公が夜、明かりをつけて本を読んでいると、外からガが入ってくるんですよ。次から次へとガが来るもんだから、主人公がノイローゼみたいになる。あの舞台は横浜の緑区あたりなんですよね。

養老　ピタッと減ったなと思うのは、クモの袋ですね。よく塀の脇なんかに付いているでしょ。あれが今は、一頭もいない。

奥本　木の根元のところなんかにあって、ピンセットでハエをつかんで持っていくとパッとね。

池田　そういえば最近は見ないですね。

養老　ハンミョウ(45)も、ものすごい勢いで減っている。

奥本　地べたを這う虫は、営業が成り立たなくなったんでしょうね。

池田　普通のハンミョウがいなくなって、トウキョウヒメハンミョウ(46)ばっかりですよ。

奥本　左官屋さんが家の庭に砂の山を置いておいたら、すごく増えたことがある。

池田　あれも人為的な環境に適応したんでしょう。おそらく輸入種ですね。

養老　戦前の輸入種なんだよ。平山修次郎の昆虫図鑑には出ているからね。

池田　香港あたりから来たんだと思います。東南アジアに多いから。

奥本　普通のハンミョウがいなくなったのは、やっぱり田舎道をどんどん舗装しちゃって、やたらに地面をいじったからじゃないですか。

池田　舗装していない道がなくなった。ハンミョウがいるところって、だいたい赤土とか、ちょっと砂利のような山道だから、塗装されちゃうといなくなりますよね。

奥本　田んぼのそばの水路が全部U字溝になって、魚がいなくなっちゃったというのと同じことかもしれない。

養老　僕は、去年からコンスタントに清里に虫捕りに行っているんです。で、調べてみたら、ボール・ラッシュっていう戦前からいたアメリカ人が、戦後GHQと一緒に清里に帰ってきて教会とか牧場を作ったんです。何のために作ったかというと、たぶん、持ち込んだ輸入種の昆虫を研究したかったからなんだよ。

池田　それで、清里に外来種が増えたのか。

養老　それと、清里は八ヶ岳だから中央構造線より東なんだけど、中央構造線の西にしかいないはずのコフキゾウムシ(47)が、けっこう大量に捕れる。これなんかは国内移動だよね。八ヶ岳周辺では、キリガミネヤブキリ(48)は、僕が中学生のときに二頭捕っただけで、その後は全然捕れない。そういう国内移動もおそらく、人工的なものが原因だと思う。あのあたりも妙なものが増えてきています。だから不思議だよね。人間がいじると別の関係ができるでしょ。そこに適応するやつは増えて、逆に、徹底的に減ったのは水の虫です。

奥本　水生昆虫は壊滅状態です。

養老　それはもう話にならない。言いたくないって感じ。

池田　ゲンゴロウ、ネクイハムシ(49)なんて、どうしようもないよね。

養老　キイロネクイハムシ(50)は、関東では国立科学博物館に標本が一頭あったと思う。あと横浜の豊顕寺で、たしかヒキガエルのペレットから見つかったんですよ。それと、昭和三十年代に宝塚の池で何十頭か捕れて、その後はゼロ。もうどこにもいないんだよな。あっ、おととし大発見があったんだ。釧路の湿原で調査用の水草を捕った研究者が見つけたんですよ（笑）。で、報告書の期限が来ているからって、ビンに入れたものをとりあえず調べたら、突然キイロネクイハムシが出てきた。

池田　あそこは関係者でも採集に許可が必要なんですよね。だから虫捕りに行く人はいなかったんだ。

養老　その人が見つけたキイロネクイハムシは北周りのやつで、別種なんですけどね。

チョウも知っている危険な野菜

池田　水の虫はほんとにダメですね。水の虫が減ったのには、湧水が減ったことも大きいですよ。甲州昆虫同好会の渡辺通人君が山梨県都留《つる》市の里山で水生昆虫を調べていて、「湧水があるところには、ヘンなものがいっぱいいる」と言うんです。

奥本　農薬の入り込む前の水に避難できるからね。

池田　ちっちゃい池だと、気候の変化とともに、水が温かくなったり冷たくなったりするでしょ。それでダメになっちゃうみたいですね。昔からのゲンゴロウの仲間がいるような湧水は、冬は温かくて夏は冷たい。そういう湧水のある池は水生昆虫がかなり豊富だけど、湧水のない池はダメです。ビオトープ[51]なんか作っても、ただ単に水を貯めておくだけじゃ難しいな。

養老 そりゃそうだよ。ビオトープなんてただの水溜まりだって、虫も思っている。

池田 そういうところには虫は来ないですね。

奥本 日本はずっと農業をしていたから、農業の水環境が守られないと虫もダメになるんです。逆に、農業を始めたことで絶滅した虫もずいぶんあったはずです。

池田 それは当然あったでしょうね。

養老 昔の農業はあまり農薬を使っていなかったから、まあまあだったんだよ。

池田 田んぼにディペンドして田んぼで生活していた虫って、ずっといたと思うんですよね。それが戦後、田んぼにも農薬を撒いた影響からか、虫が激減した。それで、あまりたくさん撒いちゃいけないということで、一回だけしか撒かないですむ特殊な薬を開発したらしい。ところが、アキアカネだけがその薬に対する感受性がものすごく強くて、極度に数が少なくなっているというんです。ほかのトンボはそれほど影響を受けていないらしいけど。

養老　最近、有機農業の人と付き合いがあるんだけど、有機農園をやっている人は、もう薬は使わなくてもいいと言っていますよ。有機肥料や有機農薬で充分という意味かと思っていたんだけど、そこまで虫が減っちゃったということじゃないかと思う。

奥本　ああ、なるほどね。ヨーロッパみたいになっちゃったのかな。

養老　有機で農業をやっても、もはや虫に食べられることがない。野菜や穀物に虫が付くことはない。モンシロチョウも飛んでこないという時代になったんじゃないの。

奥本　キャベツ畑や大根畑にモンシロチョウが来ないものね。昔は紙吹雪のようにたくさん来ていたのに。

養老　モンシロチョウの遺伝子の中に、「キャベツは食べると毒だ」っていうのが入っちゃったんじゃないか（笑）。キャベツなんか食べる虫は、今はいなくなっている。

奥本　虫が減った原因としては、毒物も大きいですよね。

養老　畑や田んぼで、虫を捕る気がしない。そもそも虫がいないもの。

奥本　モンシロチョウがキャベツで死ぬ話は、よく聞きますね。オオモンシロチョウが外国から飛んできたというので、喜んで幼虫にスーパーのキャベツを食べさせたら全滅しちゃったって。芯まで農薬が入っているキャベツだと、表面だけを洗ってもダメなんです。

池田　葉っぱが付いている人参を買ってきて、飼っているキアゲハに食べさせたらすぐ死んじゃったという話も聞いたことがある。普通に食べているものが毒だらけ。日本中が毒に汚染されているんですよ。

養老　食品にごく普通に使っている農薬とか化学物質を六十数種類選んで、委託研究して、一年間ネズミに食べさせて、害がないかどうかチェックしたことがあるんですよ。害はなかったんだけど、ただ最後にわかったことの一つは、実験に使ったネズミがみな、あらかじめそれらの物質を体内に含んでいたということなんだ。食べて影響を受けるようなネズミはすでに死んでしまっていて、存在しない。人間も、生き延びている奴はみんな、平気だったから生き延びているということです。

奥本　そういう意味では、現代人という品種はものすごく鍛えに鍛えた、肝試しのすんだ品種ということですよね。

養老　化学的には、丈夫な個体。

奥本　僕なんかも、アルコールをこれだけ毎日飲んでいて丈夫だもの（笑）。

虫の外来種より、植物の外来種のほうが犯罪的

奥本　ここで、虫が減った原因をいくつか挙げてみると、土壌汚染、環境変化、道路舗装、自動車事故、スギ、ヒノキ、カラマツを代表とする山の植物の画一化――といったところでしょうか。日本は国土の七割が山林で、そのうちの五割が人工林、人工林の七割がスギですよね。もともと植物相が単調な国は別として、一種類の樹木がこんなに植えられている国は少ないでしょう。

養老　でも、森林をこんなに残している国はあまりないですよ。各地に残っている鎮守の森なんて、縄文文化の象徴でしょ。そこには手を付けないということで、自然と人間が折り合ってきた。だから、国土の七割近くが森林なんです。

奥本　明治末期の神社合祀令以前は神社だらけだった。

池田　一部の学者は、虫が減ったのは外来種が来たからだと言います。でも、そんな影響は微々たるもので、大したことはない。外来種が来たって、環境が日本古来の虫に適

していれば、どういうことはないんです。それを、人間が意図的に外来種に適した環境に変えているんだから、そりゃあ外来種が一回入れば、圧倒的に増えますよね。

奥本　日本には日本の園芸植物があったのに、明治以降、見た目の派手なものを優先するようになったんですよ。今は街路樹でも公園の木でも、植物のことをあまり考えない土木業者に任せてしまうから、管理しやすい外来種の木ばかり植えられちゃう。大きな木を移植すると金がかかるから、苗とか種を植えて、日本の気候に合った木を育ててほしいですね。

池田　虫って、メタ個体群って言うんですけど、パッチ状にいるわけです。個々の群がいなくなっても、ほかの群が周りに十個くらいあれば、どこかから飛んできてまた増える。でも、虫に適した環境が少なくなって一カ所にしか生息しなくなると、そこで絶滅しちゃったら、もうダメなんですよ。ギフチョウ[52]が完全にそうですね。スギの若い林なんていうのは絶好の生息環境で、木が大きくなると母チョウの飛ぶ空間がなくなってダメになっちゃう。スギを切ってしばらくすると、パッチ状にいたやつがどこからかやってきて、そこでまた増える。そういう具合に、ジプシーみたいにスギの林を渡り歩いていた。ところが、今は全然スギを切らないから、なべて同じ状態になっちゃって、ギフチョウがいるところがなくなっちゃったんです。ほんの一部に残っているチョウを捕ったら、いなくなっちゃう。だから、保護するのが大変なんですよね。昔みたいに林業が盛んで、適当に切っていれば、ギフチョウなんていくらでも増えるのに、人為的に木を切らなきゃならないから。

奥本　林業関係の人が、ある程度、そういうことも考えてくれるといいんですけどね。植木屋さんも、木しか見ていないし。街路樹とか公園とか墓地とか学校は、みんな植木屋さんや造園業者に丸投げされちゃうから。

池田　植木屋さんが九州から運んできた木が原因で、都市部にクマゼミが増えましたよね。あれは完全に人為的なものですよ。温暖化のせいじゃない。九州や四国からクスノキなんかを東京に持ってきて公園に植えるから、何年か経つと土の中で幼虫だったクマゼミが成虫になって出てくるんだよ。

奥本　ちっちゃい幼虫なんかは、根っこの間の土と一緒に入ってきますからね。クスノキは宮崎から運んできています。

養老　植樹で生態系を壊すのは、犯罪ですよ。

東京の街路樹には何を植えるべきか

池田　松戸はユーカリだらけですよ。

奥本　でもある大きさになると、だいたい台風で倒れるんですよ。

池田　ユーカリはやめてほしい。

奥本　少なくとも東京都の街路樹は変えてほしいなあ。石原都知事が街路樹を百万本植えるって言ってますけど。

池田　ユーカリの木を植えるのだけはやめてほしい。

奥本　あの人は何を考えているかわからない人だけど、植物や昆虫については何にも知らないね。嫌いなんじゃないかな。

池田　ユーカリなんかを植えて、その一方で外来種の昆虫は駆除するとか言ってるんじゃないって。怒るぞって。

養老　ユーカリなんか植えたら、即座に切り倒さないと。

奥本　僕は根に熱湯をかけて……って、陰険な話しているな（笑）。

養老　ユーカリは葉っぱから化学物質を出して、ほかの植物を寄せつけないようにしているからね。

奥本　毒でしょ。

養老　そりゃあ、早く育ちますよ。ほかの植物の成長を阻害しているんだもの。現在の産業潮流にそっくりです。同業を全部潰しても、自分だけ生き残ればいいみたいなね。

奥本　最後は自家中毒して終わり。

養老　この木とこの木を育てたら、両方とも大きく育ちますっていうのが、植樹の本来のかたちなんです。

奥本　共存共栄じゃなくちゃね。木を植えるときにも、木が育つと、鳥が来て、虫が来てって、少しは立体的に考えほしい。

池田　トチノキでも植えてくれればいいな。けっこうきれいだよね。

奥本　トチノキを植えると、ミツバチが来る。

養老　横文字が好きな人たちのためには、「マロニエの品種です」って言っておけばいいんでしょ（笑）。

奥本　マロニエって、セイヨウトチノキですからね。

池田　ハナミズキなんか植えないで、ヤマボウシとかを植えればいいのになあ。ハナミズキだって、ヤマボウシの一種だよね

養老　なんで、ハナミズキを植えろという話になるのかな。

奥本　なんだか造花みたいで安っぽい花が咲く。アメリカあたりのペンキ塗りの家には似合うだろうけど。ハナミズキも植えすぎたから、花粉症を引き起こしているんです。アメリカ洟《はなみず》木だ（笑）。

池田　ヤマボウシとかコブシを植えてもいい。ケヤキ並木はけっこうありますね。

奥本　ケヤキを植えるんだったら、エノキを植えてほしい。

池田　僕もそう思う。昔は庚申塚《こうしんづか》にエノキを植えていたんです。

奥本　自分の家の前に好きな木を植えて大事にする。そういう制度にしたらいいのに。

池田　東京の大きな神社にはクスノキが多いから、アオスジアゲハ[53]が多いかと思ったけど、アオスジアゲハは案外多くない。クスノキがでかくなっちゃったからかなあ。ちっ

ちゃいときは、アオスジアゲハが多く付くんだけど。

奥本 原宿あたりはアオマツムシ(54)が凄いですね。

池田 アオマツムシは不思議な虫で、日暮れに鳴きだして、いったん途中で鳴きやんで、深夜にまた鳴きだす。山にはいない虫だよね。

奥本 アオマツムシが山に入れないのは、アメリカシロヒトリ(55)と同じですね。樹上性のコオロギだし、在来の虫がいるところには進入できない。外来樹のプラタナスを植えるから増えたんですよ。それと、黄昏《たそがれ》活動性じゃないですか。水銀灯の明かりが一晩中黄昏状態を作っている。

遺伝的多様性が低い生き物に未来はあるか

池田 増えたといえば、ブタクサハムシ(56)はここ十年で圧倒的に増えました。そのうち、また減るかもしれないけど。

奥本 もう減っているでしょ。

養老 去年は九月にブタクサハムシが捕れたんだよ。あんな季節はずれに捕れるなんてね。僕が気がついた範囲でいちばんびっくりしたのは、二月のど真ん中にゾウムシが平気で鎌倉を歩いていたことだな。たぶん発生周期が狂ったままで、南米から入ってきたんですよ。だって二月のブラジルなんて、南半球だから夏でしょ。われわれがふだん目にしている虫って、人間と一緒に広がったものがほとんどなんですよ。今から三千年くらい前の縄文時代に島根県の三瓶山で噴火があって、火砕流で埋まった谷を掘ったら、虫の化石が出た。いちばん多く出たのが、糞虫(57)のオオセンチコガネ(58)です。縄文時代は獣が多かったから、糞虫もいたんだよね。

池田　糞虫も本当に減りましたね。牧場に行ってもあまりいないもの。

奥本　フランスもひどい。今は人工飼料を使っているからね。牛には虫下しを飲ませているし。

池田　糞の中に毒が入っているのか。毒球だね。

養老　牛に抗生物質を飲ませていますからね。抗生物質で細菌がやられて、それで糞に栄養がなくなったという、訳のわからない話になっているんです。

奥本　虫下しは決定的ですね。

池田　糞が分解できないと、それはそれで汚くなっちゃいますからね。オーストラリアはそれで困って、アフリカから糞虫を入れたんですよ。だから、今オーストラリアにいる糞虫は、もともとオーストラリアにいたやつじゃない。アフリカ出身のすごくカッコいいやつがいっぱいいる。

奥本　東南アジアからも輸入していますし。

池田　自然に繁殖すればいいけど、輸入とか養殖はちょっと問題があると思う。

養老　そうだね。魚の養殖を見ればわかるように、養殖って、自然の生態系から考えたら絶対無理な話なんです。生態系の一部を改変するということだから、必ずコストもかかっちゃう。病気や奇形が増えないように、いろいろな餌をやりすぎているんです。

池田　不思議なことに、クワガタの場合は、近親交配してもあまり奇形が出ませんね。あれはなぜなんだろう？　カミキリは出るんですよ。ハセガワトラカミキリ(59)を五頭くらい捕ってきて、交配させて累代飼育していたら、三千頭くらい出た。当時は一頭八千円だったから、全部売れば大金持ちになれたんだけど、友人がみんな持っていっちゃったから、一銭にもならなかった。そのときも、最後のほうはみんな奇形になって、足が曲がってきたんです。

奥本　そういう虫のほうが、逆に珍しいんですよ。チョウだって、累代飼育してもけっこう平気だもの。

養老　やっぱり種の安定性が違うんじゃないの。

池田　何かあるんですね。虫は病気の遺伝子とかがないんじゃないのかな。哺乳類はダメですけど。

奥本　哺乳類はダメね。シベリアのヒョウなんか個体数が減少して、近親交配で小型になっちゃったでしょ。

池田　チーターはほとんどクローンに近いですよ。

奥本　今は、そうですね。

池田　逆にインドネシアのサイは、個体数は少ないけど、みんな違うんですよね。

奥本　ジャワサイ？

池田　うん。あれは、でかかった個体群がどんどん縮んでいっている。個体数は少ないんだけど、遺伝的多様性はまだかなりある。だから、うまいことやれば増えるんじゃないかと思いますね。チーターは逆で、一回どこかでものすごいボトルネックが起きて、また増えている。

奥本　じゃあ、病気が流行ったら一気に全滅ですか？

池田　病気になったら、遺伝子が同じだから、あっという間に全部アウトになっちゃうかもしれない。人間は遺伝的多様性が高いから、よっぽど変な病気が流行っても絶滅することはないけれど、虫の場合は、ほんの少しの遺伝的な変化でも、別種になるんでしょうね。だからすぐに新種が生まれる。今でも新しい種が出現しているかもしれない。

奥本　新種といえば、動物ではないけれど、サクラの中には寿命の短い品種があるんですね。

池田　ヤマザクラの原種は、五百年も六百年も長生きしますよね。江戸時代に品種改良して生まれたソメイヨシノはエドヒガシとオオシマザクラのハイブリッドでクローンですから、せいぜい七十年。

養老　ツバキなんかも、北陸では古くから交配が重ねられてきたから、北陸に行くと、「これでもツバキ?」みたいなものがある。

池田　クローンになった品種は、寿命が短くなっちゃうんですよ。

養老　そういえば、ブナが再生できないんだって。これは温暖化の影響で、暖かくなったからドングリが芽生えなくなっちゃった。

奥本　そういう変化が、北へ移っていませんか。

養老　植物は、短い時間では再生が目立たないんですよ。百年か二百年経って、ようやく変化がわかってくる。

池田　そうなんですよね。高尾山のてっぺんにブナの群落があって、元禄時代に生えたものだから地元の人は「ゲンロクブナ」って言っているんだけど、実生ができない。老木しかないから、枯れた本数分だけブナの数が減るって感じになっちゃって。

養老　一本枯れたら、新しい木を一本植えればいいんだけどね。ほかから持ってきて。

池田　植えてやればいいんだけど……。でも、暖かくて種から実生が出ないというのは具合が悪いですよ。

奥本　その群落は血が濃いんじゃないの。

池田　たぶん遺伝的多様性は低そうですね。

養老　北陸のブナは、葉っぱがめちゃくちゃでかくて二倍くらいあるんです。

池田　葉っぱがでかいと、盆栽にしたときにあまりきれいじゃない。東海地方のブナは、葉っぱが小さいから、盆栽にするときれいなんですよ。高尾山のブナもそうなんだけど、自然のままだと実生が育たない。だから、人が手を加えてうまいこと発芽させてやらなきゃならない。それはやっぱり、温暖化の影響だと思います。高尾山にだって、ブナを食べるフジミドリシジミ(60)がちゃんといるんですから。高尾山のフジミドリシジミは、このままだとダメになっちゃう可能性が高いし、貴重だから、今のうちに捕っておいたほうがいいかもしれませんよ。そのうち採集禁止になって、放置されたまま絶滅する。そして絶滅したら、マニアの密採集のせいにするわけだ（笑）。

小笠原は回復できるのか

養老　僕はそういう話を聞くと、すぐに抗議行動を起こしたくなっちゃう。小笠原だったら、抗議運動をやっても大丈夫じゃないかな。みんな納得するはずだよ。

池田　小笠原はたしかにグリーンアノール(61)が凄くて、ちょっと壊滅的みたいですね。やっぱり離島の小さな生態系は弱いですよ。そういう意味じゃ、どうしようもない。

奥本　小さな島は無理ですよね。小笠原は、アフリカマイマイ[62]にオオヒキガエル[63]にグリーンアノールで、地上性の虫も梢の虫も食いつくされそうです。

池田　昆虫も植物も、持ち出しはともかく、入れるのは厳密にしないとね。すでにちょっと手遅れですけど。

養老　僕は行ったことがなくてよかったよ。行ったことがあったら、今頃また怒っているよ。

池田　あそこに僕の名前が付いたゴミムシがいて、僕より先に絶滅したんじゃないかと思っていた。そしたらこの前、弟島か兄島かの属島で一頭捕れたんです。

奥本　小さな島に分かれていることだけが救いですな。

養老　誰が入れたんだ、オオヒキガエル。

池田　オオヒキガエルは米軍でしょ。

奥本　グリーンアノールなんて、アメリカ人の好きそうなペットだもの。

池田　そう。あれはアメリカのペットですからね。アメリカが入れたのに決まっているんだ。もともとはサウスカロライナとかアメリカの南東部から来たトカゲでしょ。現地ではむしろ数が減っているらしいんです。もっと南から来た侵入種のブラウンアノール[64]にやられて減っているから、グリーンアノールを保護しましょうとか言っている。でも、小笠原ではどんどん増えている。

奥本　入れ替えたらいいじゃない。

池田　小笠原から捕って、向こうに持っていけばいい。

奥本　アメリカに高く売ったらいいんじゃないの。でなければ、空気銃で撃つ。そういうことの好きな人にやってもらえばいい。

池田　いっそのこと、オーストラリアからワライカワセミ[65]を入れればいいんじゃないかな。あれは魚を食べないでトカゲを食べますからね。グリーンアノールもどんどん食べると思う。

奥本　ああ、いいですね。トカゲとかヘビとか、そんなものばっかり食べますから。ワライカワセミを放してグリーンアノールを駆除したら、その次にすぐワライカワセミを捕まえればね。でかいから、逃げても捕まえるのは簡単でしょ。グリーンアノールみたいな小さいやつだと、捕るのが大変だもの。さらに小さい細菌とかカビとかで殺すのは、リスクがすごく高くなるし。だから、でかい動物……ヒョウぐらいならあとで捕まえるのも簡単だから、そういうものを放したらどうかな。

養老　木の上はそれで片づくとして、地上はどうします？

奥本　カタツムリは、人間が食うしかありません。缶詰にしたりしてね。小笠原では野生化したヤギの問題も深刻ですよね。ヤギが植物を根こそぎ食べちゃって植物が再生しないから、環境破壊が著しいって。ヤギの捕獲作戦は進んでいるんですか。

池田　ヤギは、だいぶ減ったでしょ。ずいぶん捕ったから。

奥本　島の端からずっと包囲していって、追い落とすという方法もある。対馬のイノシシは、その方法でゼロにしたんです。江戸時代の「生類憐みの令」のときにやっているんですよね。

養老　もったいない話だな。あのイノシシは日本本土のイノシシとは違うのに。

池田　オオヒキガエルについては、あれを特異的に食べる動物がいればいいいんだけどね。

奥本　あれは食べられないんじゃない？

池田　毒がありますからね。ただ、この前オーストラリア行ったときに、オオヒキガエルの毒のところだけを捨てて食べる鳥がいるという話を聞いたんです。オオヒキガエルが昔からいれば、長い年月の共進化の結果そうなったにちがいないって、誰かが言いだしたと思う。でも、オーストラリアにオオヒキガエルが入ったのは、つい最近なんですよね。

奥本　ハゲコウ[66]とか、ああいうものが食べそうな気がするけどね。オオヒキガエルだって、天敵がいるでしょ。

池田　いるでしょうけどね。ただ、昔に比べれば、かなり減ったみたいですよ。

養老　つい最近、カエルが減っているって、新聞で見かけたけど、ツボカビ症のせいだけじゃないと思う。だいたい餌がないもの。ヒキガエルはキイロネクイハムシを食べていたのに、キイロネクイハムシは絶滅しちゃった。

池田　ヒキガエルはほんとに減った。

奥本　カエルだって生きにくいでしょ。アフリカマイマイが大量にいるんですからね。

養老　奄美には、僕が四十年くらい前に行ったときはたくさんいたけど、最近行ったら、全然見なかったね。

池田　小笠原も減ったみたいです。小笠原ではアフリカマイマイ駆除のために、ヤマヒタチオビ[67]という肉食性のカタツムリを入れたんですよ。ところが小笠原には固有の陸棲マイマイがいっぱいいたじゃないですか。あれがみんなヤマヒタチオビに食べられちゃった。今、小笠原には固有種の陸棲巻貝は何にもいないみたいですよ。アフリカマイマイも少しは減ったみたいだけど、ヤマヒタチオビはアフリカマイマイをあまり食べないようですね。理由はよくわからないんですけど。

養老　よけいなことをしちゃダメなんですよ、基本的には。

池田　人間がコントロールしようとしてダメになって、さらにコントロールしようとして、もっと悪くなるということは多いですよね。

養老　政治と同じで、システムの問題です。

池田　そして、瑣末《さまつ》な法律をいっぱい作るわけでしょ。それで、ますますひどくなる。

養老　そういうやり方が悪いんだっていうことは、僕はもう何十年も前から言ってきたけれど、「ああすれば、こうなる」という考え方で凝り固まっちゃっているからね。自然界を守るためには、もう人間を減らすしかないですよ。

池田　変な話だけど、小笠原が東京都に返還されたとき、島の貴重な自然を優先させたいという考えがあったなら、都の土地にしてしまえばよかったんです。だけど、昔の島民に土地を返還したでしょ。

奥本　ふるさとに帰りたい。

池田　まあ、そうなんですけど、人がいないところにも道を作ってね。住民が二人しかいない北港まで、何百億円もかけて、トンネルもいっぱい掘って、ピカピカの舗装道路を作ったんです。その途端、住民はもうこんな所に住んでいられないって引っ越しちゃって、誰も住んでいないところに舗装道路だけが残った。

奥本　土建屋さんが儲かったんでしょ。

池田　もちろん、もちろん。土建屋が儲けるために作ったんです。なにか口実がないといけないから、「人が住んでいるから道を作ります」って。

養老　道路ができると引っ越すんだよ。トラックも入るようになるから。

池田　舗装道路がなくて歩く道しかなければ、引っ越せない。何時間もかかる山道を、家財道具を運ぶのは大変ですから。いったい、何のために舗装道路を作るのかね。

養老　そういうのを、スポイト現象と言うんですよ。スポイトみたいに吸い出されちゃうの。それで、過疎地が増えたんだよね。

池田　舗装道路を作ると、街路樹ができる。街路樹に沿ってグリーンアノールもどっと増える。なぜか知らないけど、土建屋さんは作った道の脇に木を植えるんですよ。それも、もともとあった地元の木じゃない木ばっかり。グリーンアノールだって、最初は父島の市街地の街路樹にしかいなかった。それがどんどん舗装道路が作られて街路樹ができて、グリーンアノールも増えた。ついには生態まで変わって、今では原生林にも棲み着いているみたいですよ。

奥本　そうなると、オガサワラシジミ(68)とかトンボとかもいなくなっちゃうのかな。

池田　オガサワラシジミなんて、壊滅状態です。父島にはもういないんじゃないかな。母島に残っているかどうかという感じです。

珍しい虫が増え、普通の虫がいなくなった

奥本　過疎地で人が少なくなったところでも、道路は舗装していますよね。

池田　虫にとって、舗装道路の問題は大きいですよね。日本は山奥まで道路を通して舗装しちゃうでしょ。そうすると、微気候も当然変わりますから。

奥本　舗装すると、もう途端にハンミョウから何から全然いなくなっちゃう。

池田　そうそう、何もかもいなくなっちゃう。昔も山奥に林道があったわけだけど、ガタガタ道で、ぬかるんでどうしようもない道だったでしょ。その頃は、あまり虫も減っていなかった気がする。舗装した途端に虫の姿を見かけなくなった。

養老　僕は過疎地でも虫を捕っているけど、どこに行っても少ないですね。こんなはずはないと思うもの。最近いちばん嬉しかったのは、四、五年前に奈良県の春日山に行って、タヌキの溜め糞にルリセンチコガネ(69)が山ほどいたこと。一頭も捕らなかったけど、やっぱり嬉しい。「まだ元気？」とか言って。

奥本　僕も、本当はもうあまり捕らなくていいんですけどね。

池田　昔と今の違いは、かつては珍品だといわれていた虫の数はそんなに減っていないのに、ド普通種といわれていた虫がどんどん減っちゃったことです。不思議ですよね。

養老　開発されたことと、関係があるんだよ。

池田　種類組成も変わっているし、珍しい昆虫と珍しくない昆虫が逆転している。人間が環境を変えちゃったから、昆虫が変わっていくのもしようがないんだけど。

養老　いちばん気になるのは、ドウガネブイブイ[70]という銅色の普通のコガネムシがいなくなったことだな。その代わり、昔はほとんどいなかったアオドウガネがボンボン増えている。家に飛んで来るのは青いのばっかりだよ。

奥本　東京の中心でもアオドウガネばっかりです。屋上に植木の鉢を置いておくと、根にものすごい数の幼虫が付きますよ。天敵のツチバチが減ったから、こういうコガネムシが増えたと言う人もいるけど。

池田　昔は、ちょっと汚いような色をしているドウガネブイブイがむちゃくちゃいた。

奥本　ブドウの葉っぱなんかを食べていたんですね。

養老　そうそう。

池田　そのドウガネブイブイもいなくなっちゃった。何がそういうことを促しているのか、実は、あまりよくわかっていないんです。人工的な実験みたいに対照群があればわかりやすいんですけど、コントロールがとれないからね。現象として、昆虫が増えているとか減っているとかはわかるけど、どこの環境がクリティカルな問題なのかということはわからない。

養老　なんだろうね。何が起こったのかが気になってしようがない。マメコガネ[71]とヒメサクラコガネ[72]は相変わらず多いけど、ヒメコガネ[73]は減っていませんか。

池田　減っているかもしれない。

奥本　この辺だとキンスジコガネ[74]がいるんじゃないですか。

養老　キンスジコガネは昔から少なかった。マツがないところにはいないからね。

セミの出現期がデレデレに

池田　セミも変わりました。ニイニイゼミが減ったよね。

養老　たしかにニイニイゼミが減った。だいたい七月の初め頃から鳴き声がうるさくなるものだったけどね。

奥本　今年は意外に多いですよ。

池田　昔はいちばんの普通種でしたよね。僕は昔、東京の下町に住んでいたんですが、ニイニイゼミが鳴いても誰も捕らなかった。ちっこいし、カッコ悪いしね。夏になると、まず最初にニイニイゼミが鳴きだす。ニイニイゼミが鳴くと、早く夏休みが来ないかなって思ってね。そのうちアブラゼミが鳴いて、夏休みに入って、最後にミンミンゼミが鳴くんですよね。ミンミンゼミは下町のほうでは珍しかったな。でも東京の街なかに来たら、ミンミンゼミがいちばん多いことがわかった。

奥本　ミンミンゼミは増えたね。

養老　あれはうるさいから困るんだよね。アブラゼミはあまりうるさくないけど。

池田　子どもの頃はアブラゼミが腐るほどいたけど、今はあまり見かけなくなりましたね。

奥本　九州や関西はクマゼミばっかりでしょ。今、クマゼミがめちゃくちゃ増えているんじゃない？

養老　真夏に京都に行ったら、うるさくてしょうがなかった。

奥本　福岡の天神の屋台があるあたりで、クマゼミが一本の木に鈴なりになっているのを見かけたことがあります。

池田 そう。九州は、凄い。博多駅に降りた瞬間、もうクマゼミがうるさい、うるさい。「なんじゃ、ここは」っていう感じでね。クマゼミは街路樹に適しているんでしょうね。

奥本 熱海あたりからずっといるでしょ。

池田 いますね。浜松あたりでもかなり多い。土壌の湿り具合とも、少し関係しているのかもしれないですね。

養老 乾燥すると、クマゼミが増えると言われているよね。

池田 でも、ニイニイゼミがいちばん減りましたね。最近は、ヒグラシも減ってきた。

奥本 箱根では鳴くでしょ。

養老 いや、箱根ではセミの鳴き声を聞かないんだ。セミはほとんどいないよ。

池田 僕が二十五年くらい前に高尾へ引っ越したときは、ヒグラシがもう本当にうるさくてね。家の近所では朝の四時くらいになると鳴きだすんですよ。ヒグラシって本当は早朝のセミなんだ。そうすると、山全部がヒグラシの合唱みたいになっちゃって、うるさいのなんのって。一頭鳴きだすと、一斉にキンキンキンキンって鳴く。でも、最近はあまりいなくなった。なぜかわからないけれど、出現期がデレデレになった気がします。

養老　たしかに、セミの出現期はデレデレになったって感じるね。秋になっても、まだ鳴いている。特にツクツクボウシがいつまでも鳴いている。

池田　そう。ツクツクボウシなんて、十月まで鳴いている。昔はもっとコンパクトだった気がするけど。

養老　「今頃の時期になってから鳴いて、連れ合いは見つかるのかよー」って（笑）。

奥本　遅れてきたセミの孤独（笑）。

池田　何かがあるんだと思う。セミは何かが変ですよね。家の近所でもクマゼミが鳴くんだけど、高尾山では年に一回か二回しか聞かなかったから、どこか別の地域から飛んでくるんだろうと思う。八月の終わりくらいに少しだけ鳴き声を聞くんです。

養老　鎌倉では、僕が小学校の頃からちゃんと鳴いていたけど。

池田　でも、珍しかったでしょ？

養老　そう、クマゼミは絶対に捕れない。あいつ、性格が悪くて（笑）、鳴き終わると飛んでいっちゃう。

池田　捕れないんだよ、クマゼミはね。

養老「あっ、鳴いてる!」と思って、網を持って駆けだしても間に合わない。それに、声がでかくて遠くからでも聞こえるから、近くにいるのか遠くにいるのかもわかりにくくてね。

池田　でも、南のほうに行くとクマゼミもたくさんいて、意外と簡単に捕れますよ。チョウでも、うじゃうじゃ飛んでいるチョウって、のろいんだよな。これも簡単に捕れる。

奥本　人間が赤信号を渡るときと同じで、チョウも「みんなで渡れば怖くない」だね。一頭、二頭のときはものすごく敏捷で、敏感でね。人が近寄っただけで気配を察して逃げる昆虫が、集団でいると全然逃げなくなる。本当に不思議ですよね。

池田　僕が小さい頃は、アブラゼミって、だいたい手で捕っていた。アブラゼミはビターッて、木の下から上までまとめて止まっていたから、手でつまんで捕れたんだよね。ミンミンゼミは上のほうにしか止まっていないし、俊敏だからなかなか捕れなかったけど。やっぱり、たくさんいると逃げないんですよ。

奥本　ミンミンゼミは、夏なんか家の中まで入ってくるでしょ。

池田　翅が透明で、珍しかった。
養老　昔から普通で今でも普通なのは、キマワリ。(75)
池田　キマワリは、木の周りをくるくる回っているから「木回り」って言うんだと思う。人が近づくとぐるぐるって向こうのほうに行く。で、そっちに行くと、また、ぐるぐるってこっちに回ってくる。
養老　よく、家の中を這っているよ。
池田　僕の家の庭にも時々いるもの。
奥本　うちの昆虫館の屋上に古いシイタケの榾木《ほだぎ》を積んでおいたら、キマワリがいっぱい出た。朽木割りをしていると、いろいろな昆虫の幼虫が見つかるね。
養老　そう、幼虫は朽木に付くんですよ。

虫の価値は値段じゃない

池田　セミって、日本以外はあまりいないですよ。東南アジアにはいるけれど。日本みたいにミンミンミンミンミン鳴いている国は、文明国ではあまりないですよね。

奥本　ヨーロッパは寒いから、南のほうに行かないと昆虫がいない。おまけに酸性雨でしょ。パリにはセミなんかいないね。

池田　オーストラリアにはいるけど、変なときに鳴くんですよね。

奥本　オーストラリアのセミって、ヘンですよ。

池田　オーストラリアはクワガタもヘン。

奥本　きれいな虹色のクワガタなんて、ちょっと間違っているような気がするよね。いい虫だけど。

池田　オーストラリアにいる、ちっこいオオクワガタみたいなクワガタは珍品ですよね。

奥本　南アフリカのテーブルマウンテンのクワガタ。あれも実に変わっている。

池田　そう、コロフォン[76]。ゴミダマみたいなやつね。

奥本　かつてオーストラリアのニジイロクワガタ[77]は珍品と言われていましたね。でも、飼うと大きいのが出るでしょ。

池田　あれはクワガタの中で飼うのがいちばん簡単です。

奥本　でも、あれくらい値段の下落したものは、ほかにないんじゃないかな。

池田　今は一頭千円くらいだものね。昔は五十万円もした。僕はケアンズに行ったときに、一所懸命にニジイロクワガタを探したけど見つからなかった。今はオーストラリアにいるニジイロクワガタより、日本にいるもののほうが数は多いと思う。東京が一番の大産地です。世界の九割は東京にいるんじゃないのかな。今、ニジイロクワガタなんて、室内昆虫としてゴキブリの次に多いですよ。

養老　でも、虫は値段じゃないよね。虫にも品格が決まっているんだ。

池田　環境省指定のランクなんかがあったら、かなわねえ（笑）。

養老　僕が捕っているゾウムシなんかは足軽以下ですよ。

奥本　ゾウムシは雨の日も曇りの日も、いつでも捕れるハズレのない虫。

養老　それを、虫屋に徹底したら大変なことになる。品格のいいやつをくれっていうことになっちゃって。

奥本　差別が生まれるかもしれない。

養老　差別とは、ルリクワガタのほうがゾウムシより貴重だと思うようなことを言うんでしょうか？

奥本　珍品度で差別されることになるんでしょうね。

池田　いや、珍品度だけじゃ品格は決まらないよ。

奥本　品格の基準は、姿が格調高く、なんとなく実用性がないもの。タイのアカヘリエンマゴミムシ[78]なんか、今は安いけど、客である僕が、こんな値段で売ってほしくないと思うことがあるもの。

池田　やっぱり、きれいな虫は高く売れますよ。

養老　南米にはピッカピカの糞虫がいる。

池田　そう。グリーンのカッコいいやつ。

奥本　ニジダイコクコガネ[79]っていう糞虫、あれだったら見た目もきれいだし、商品になるんじゃないの。

池田　水をつけるとピカピカになって、乾くと色があせる。

養老　オジロアシナガゾウムシ[80]も、どんなに古くても、水の中に浸けるとピカピカに戻る。

奥本　アシナガゾウムシが？

養老　要するに、水が色の成分の一つになっているんですよ。
奥本　ニジダイコクコガネはどうなんでしょう。
池田　あれも水の中に入れると、すごくきれいになる。
奥本　乾いてもきれいですよ。ドイツ人は買うかもしれませんね。さっきも言ったように、ドイツは昆虫採集がいっさい禁止ですから。
池田　今は捕っちゃいけなくなったから、ドイツのヨーロッパミヤマクワガタ[81]なんて、昔の標本なんだけどバカ高いですよ。

乾燥保存のクマムシになって、一万年後に生き返る

奥本　標本にしようと思って、アフリカのゴライアスオオツノハナムグリ[82]をブリキの缶に入れておいたら、カツオブシムシ[83]が入って、太い腕の中まで全部きれいに食べちゃった。で、親が死んだあと幼虫が生まれて、親を食べて……。結局エネルギーはどこに行ったんでしょうね。熱になって放散したんですかね。
養老　炭酸ガスと水に変わった。

奥本　熱は、どこかに出ちゃうわけ。

養老　その熱で、地球が温暖化になりました（笑）。

奥本　その分だけね。それ、カツオブシムシの卵が、アフリカ発の標本に入ってきていたんですよ。

池田　カツオブシムシのやつ、時々生きた虫に卵を産むんだよ。甲虫は毒ビンで殺すから、卵も死ぬんだけどチョウは毒ビンでは殺さない。そうすると、カツオブシムシの卵が生きていて、食べられちゃう。死にそうだけどまだ生きているチョウに、カツオブシムシが卵を産んでいるんですね。どうせ死ぬのはわかっているから、食べられると思っている。

奥本　死にそうな姿とか死臭とかで、わかるんだよね。悔しいから、カツオブシムシも針に刺して、串刺しにして標本にしちゃった。

池田　同じように標本にしても、一頭だけ食べられちゃうことがあるよね。

奥本　でかい甲虫の中までは行かないでしょ。冷凍するといいかな。

養老　冷凍で、死ぬ卵と死なない卵があるよね。

池田　カツオブシムシって、中に産まないで表面に産みますよね。それが孵って中にもぐっていくわけだから、卵が凍れば死ぬと思う。

養老　冷凍するなら、りっぱな冷凍庫じゃなくて、ゆっくり冷えていくようなのがいいんですよ。急速に冷凍すると細胞が破壊されないから。マイナス五〇℃でも、ゆっくり冷えていけばいい。

奥本　カツオの刺身が美味しく食べられる冷蔵庫だと、死なないわけですね（笑）。

池田　クマムシ(84)なんて、カチカチに乾燥しても死なない。水を一滴落とせば生き返る。

奥本　一万年後の世界を見るには、クマムシになるに限ります。三千年後ぐらいだと、また氷河期だったりして、ほとんど虫は絶滅。「そういえば昔、温暖化なんてこと、言ってたなあ」なんて。

養老　三千年後は大丈夫だよ。

奥本　全球凍結なんてことになったら、アル・ゴア(85)さんはどうするんでしょう。

池田　その頃には彼は死んでいるから関係ないよ。百年後の予測とかしているけど、百年後には自分たちは生きていないんだから（笑）。

温暖化より恐ろしい寒冷化

養老 温暖化したら本当に損をするのは誰なのかということを考えなければいけない。本気でシミュレーションをやり、データを取るのが先です。

奥本 温暖化を叫ぶことで本当に得をする人は誰なのかということもね。いろいろな人に、環境が変わっていることを実感してほしいですね。

養老 地球温暖化自体は、本来は自然現象だから中立的なものなのに、温室効果ガスによる地球温暖化だけが注目されている。国民には石油の使用量を減らせって言っているでしょ。なんで、石油の生産を減らせって言わないんですか。本気で考えているなら、根元から断つほうが正しいですよ。それなのに、ひとことも言わないもの。

奥本 商売に差し障ると、言わないですよね。

養老 いや、そんなことないですよ。商売には差し支えない。石油会社は儲けているんだから。原油価格なんて、十年で十倍なんですから。

池田 まったくひどい話ですよね。一九九九年の一バーレル当たりの最安値は九・七五ドルなのに、二〇〇八年は一時一五〇ドル近くまで高騰した。今は少し安くなったけど。

奥本 すごい商売だな。日本の深海底から石油が大量に出たら、どうするの？

養老 ホクホクだよ。

奥本 そうなったら、もう外国の石油は要らない。

池田 でもそうはならないんだよね。まあ仕方がないから、石炭を使えばいいんですよ。日本にはまだ石炭があるんだから。

奥本 今、また石炭ってことで、夕張を復活させたらいい。

池田 石炭は、直接燃やすと公害がひどいからダメなんだけど、ちゃんとやれば大丈夫なんです。

奥本 そういう技術は、もうあるんじゃないの。

池田 あるある、もちろんあります。

養老 でもどのみち、炭酸ガスが出る。

池田 でも、何を燃やしても炭酸ガスは出るんです。

奥本 炭酸ガスを吸収するものって、ないんですか。

養老　植物だな。

奥本　技術的に植物以外はダメなんですか。

養老　海はもう吸収し尽くしていて、飽和しているのかな。

池田　かなり飽和していますね。だから、地下に埋めるという技術をやっているんだけど、それを上手く掘り出すことも考えないと、今度は地球が寒冷化したときに炭酸ガスをどう作るかが問題になる。かりに五年くらいで地球が寒冷化し始めたら、どうするつもりなんでしょうね。いずれにせよ炭酸ガスを地下に埋めるのにもエネルギーが必要で、バカバカしい話であることは間違いない。

奥本　だから僕は、温暖化は寒冷化よりずっといいって言っているんです。

池田　そうです。

奥本　氷河期に向かっているより、ずっといい。寒いほうがエネルギーを使うんですよ。

養老　寒いのは我慢できないから。

池田　一九八八年にNASAの大気学者のジェームズ・ハンセン(86)が「地球温暖化」って言いだす前は、むしろ地球寒冷化説のほうが根強かったんです。

養老　熱帯雨林の喪失が問題視されていた頃に、緑の喪失をエネルギー問題と上手に結びつけたから、温暖化という説が広まったんだよね。それからというもの、地球温暖化論者はなんでも温暖化に結びつけて考えたがるようになった。

奥本　環境が変わるのは自然なことだし、人為的な変化のほうが影響は大きいのにね。

池田　異常気象でも何でも、地球温暖化のせいにするんです。

諸悪の根源は人口増加

養老　「温暖化の影響で昆虫の分布が変わってきている」とはよく言われるけど、あまりはっきりとはわからないんだよね。僕もずいぶん前に東京で調べたんだけど、イチモンジセセリ(87)は年四回とか五回とか、発生回数が増えている。つまり回転が早くなった。それが温暖化の影響だというのは、充分にありうることです。化学変化というのは温度によって完全に規定されていますからね。一〇℃気温が上がると速度が十倍になる。だから、温暖化によって回転が早くなるということはあるけれど、分布がどう変わったかまでは……。

池田　温暖化は、自然の生態系を壊すといわれがちだけどね。気温が二℃上がると、北極や南極の海氷が解けるから、ホッキョクグマが絶滅するとか、いい加減なことを言っている。

奥本　ホッキョクグマだって、氷の上にばかりいるわけじゃないでしょ。

池田　当たり前だよ（笑）。

養老　餌があれば、どこにだって行くさ。上野にだって住んでいるんだもの。

池田　十数万年前は温暖期があって、かなり暖かかったはずなんですね。その時代のホッキョクグマの祖先の化石があって、当時はかなり暖かいところで生きていたんだよね。

養老　北極は森よりはでかいから、僕はあまり心配していないんだけど。

奥本　テレビで、ホッキョクグマが苦しそうにしている映像って、あれ怪しいよね。

養老　コマーシャルでしょ。

奥本　うん。あれは限りなく怪しい。

養老　オーストラリアの旱魃《かんばつ》のキャンペーンと同じですよ。「オーストラリアが旱魃です」なんてニュースで流すと、「大変だ、温暖化だ」とかって、みんな言うけど。

奥本　「小麦が穫れなくて困っている」とか、言っている。

池田　オーストラリアは旱魃なのがむしろ普通で、べつに問題ないいんですよ。

養老　僕が一九七〇年に行ったときと比べて、人口が三倍になっているんですよ。オーストラリアの場合、自然環境を変えないで維持できる人口は約八〇〇万人だといわれるけど、現在のオーストラリアの人口はその倍以上だから、限度をとっくに超えている。それなのに、無理をして農地を作っているでしょ。あんなに乾いた大陸で無理して農地を作ったら、旱魃になるに決まっています。それを、「温暖化だ!」って言うわけですよね。

池田　「だから、どうした」っていう感じですね。ほとんど毎年旱魃なんだから、べつにどうってことはない。それで生き延びているんだから。山火事だって、山火事にならなければ生えてこない植物もいっぱいあるわけだから、何の問題もない。一九九四年のシドニーの森林大火のときは、山火事の二日後に、まだバリバリ燃えて煙がいっぱい出ているところで、セミがジージー鳴いていましたよ。

奥本　火事にならないと種子が発芽しない植物や、火事を利用するタマムシみたいな甲虫だっているしね。

池田　煙が出るようなところに、虫がいっぱいたかっている。くそ熱いところに、けっこう虫がいるんですよね。ゴマフカミキリ(88)なんて、煙が出ている木に卵を産んでいる。そういう環境にずっと適応してきたわけでしょ。人間は自分で勝手にどんどん自然を変えて、都合が悪くなると、旱魃だとか大洪水だとか、騒いでいるんだから。

養老　人口が増えると、人間は自然を変えざるをえなくなるんだな。

池田　だからほんと、人間を減らすしかないんですよ。二十世紀初めに地球全体で十六億五千万だった人口は、そろそろ六十八億に届こうかという勢いで増加している。人口が増えれば、その分だけ自然に対する圧迫も増していきます。人間も虫と同じように、自然の生態系の一部なんだし、そろそろ人間を減らすことも考えないといけないんじゃないかな。

養老　生態系の頂上だけがでかくなっているからね。自然環境を大きく変更しないで持続可能な人口を考えると、日本はもう限界ですよ。

奥本　日本は少子化ってことで騒いでいるけど、人口を減少させるという意味では日本人は模範生です。

池田　持続可能な人口になるまで人口を減少させるシステムをうまくつくれたら、環境問題なんてあっという間に解決しますよ。

注

（1）**ナガサキアゲハ**　アゲハチョウ科。日本では九州全域および四国南部に分布していたが、徐々に分布を広げ、2000年には関東でも生育が確認されている。翅を広げると110～125㎜にもなる。翅の表側は黒色で、付け根部分に橙色の鮮やかな斑紋があるのが特徴。

（2）**テングチョウ**　テングチョウ科。北海道南西部から南西諸島にかけて広く分布するが、数はそれほど多くない。口の一部が長く伸び、天狗の鼻のように見えるのが名前の由来。幼虫はエノキ類を食べる。

（3）**ツマグロヒョウモン**　タテハチョウ科。日本では本州南西部、四国、九州、南西諸島に分布。「ヒョウモン」という名のとおり、ヒョウのような、黄色地に黒い斑紋がある。翅を広げると70㎜程度。

（4）**ルリタテハ**　タテハチョウ科。北海道から八重山諸島まで分布する。翅を広げた大きさは60㎜ほど。翅の表側は黒色で、外縁に沿って瑠璃色の帯が走る。裏側は枯れ葉模様。幼虫はサルトリイバラ、ホトトギス、シオデなどユリ科の植物を食べる。

（5）**モンキアゲハ**　アゲハチョウ科。東北南部から南西諸島、東南アジアまで分布。日本最大級のチョウ。翅を広げた大きさは最大140㎜に達する。翅の色は黒で、後翅に大きな白色紋がある。幼虫はキハダ、サンショウなどのミカン科植物の葉を食べる。

(6) **ウラナミシジミ** シジミチョウ科。房総半島の南端から南の太平洋岸に分布する。翅を広げると31㎜程度。翅の裏側には薄褐色と白の縞模様がある。後翅には複眼と触角に似た模様があり、外敵の目を欺いていると思われる。幼虫はエンドウ、アズキなどマメ科植物の葉を食べる。

(7) **ウラギンシジミ** シジミチョウ科。ウラギンシジミ科として扱う場合もある。関東以南の照葉樹林帯に分布。翅の表側は黒褐色で、雄は橙色、雌は青白色の斑紋がある。裏側は銀白色で無紋。

(8) **ムラサキツバメ** シジミチョウ科。本州西部、四国、九州に分布するとされていたが、近年、東北南部まで生育域が広がっていると思われる。翅を広げると30〜40㎜程度。翅の表側には深い紫色に黒褐色の縁取りがある。裏側は薄褐色の地に濃い色の斑紋がある。幼虫はマテバシイなどを食べる。

(9) **カバマダラ** マダラチョウ科。アフリカおよびアジアの熱帯から亜熱帯に広く分布する。日本では南西諸島南部に分布。沖縄本島以北でもまれに見られるが、これは迷蝶の可能性が高い。翅の地色は橙色で、前翅の先端部は黒色、それを横切る白い帯がある。

(10) **ミドリヒョウモン** タテハチョウ科。北海道から九州まで分布する。翅を広げると65〜70㎜程度。表側は橙色の地色に黒い斑紋がある。後翅の裏側は黄緑色。幼虫は各種のスミレ類を食べる。

(11) **キンケハラナガツチバチ** ツチバチ科。本州、四国、九州、奄美大島に分布。体長は20〜33㎜。土の中に巣を作り、コガネムシ科の幼虫を探して卵を産み付ける。

(12) **アオドウガネ** コガネムシ科。本州、四国、九州、沖縄に分布。体長は17〜22㎜。緑色の鈍い光沢を持つコガネムシ。成虫はさまざまな植物の葉、幼虫は植物の根を食べる。

(13) **ムネアカセンチコガネ** センチコガネ科の甲虫。日本全土に分布。体は黄赤褐色で光沢がある。動物の糞を食べるが、灯火に飛んでくることも多い。

(14) **セスジエンマムシ** エンマムシ科セスジエンマムシ族の総称。日本にはオオセスジエンマムシなど数種が分布する。

(15) **ハネカクシ** ハネカクシ科の昆虫の総称。ハネカクシ科は甲虫の中でも大きな科の1つで、世界中で3万以上の種が知られており、日本でも1000種以上が記録されている。多くの種は体が細長く、短い上翅の下に後翅がたたみ込まれている。体長は0・5～30㎜。多くは肉食だが、草食のものや腐敗物を食べる種もいる。

(16) **イボタガ**　イボタガ科。大形のガで、翅を広げると90㎜ほどになる。翅には無数の波状線があり、中央には眼状紋がある。幼虫はイボタノキ、モクセイ、トネリコなどモクセイ科の葉を食べる。

(17) **イボタノキ**　モクセイ科の落葉低木。伊保多木。北海道から九州まで分布する。樹皮に寄生する水蝋樹蝋虫（イボタロウムシ）の幼虫の分泌物を水蝋樹蝋といい、引き戸の滑りをよくしたり、家具のつや出しに使用する。

(18) **ゴマシジミ**　シジミチョウ科。北海道、本州、九州に分布。本州では山間の草原に生息している。翅の表側は黒褐色から青色が混ざるものまで変化が多い。裏側は灰白色あるいは灰褐色で、ゴマ状の黒斑紋がある。幼虫はある時期まではワレモコウの実を食べて育つが、大きくなるとクシケアリによって巣に運び込まれ、アリの幼虫や卵を食べて大きくなり、羽化する。

(19) **ウラゴマダラシジミ**　シジミチョウ科。北海道から九州にかけて分布し、暖かい地方では山地に棲む希少種。翅の表側は明るい紫色、裏側は白色。裏側の外縁部に黒点の列がある。幼虫はイボタノキなどのモクセイ科の植物の葉を食べる。

(20) **ゴマダラチョウ**　タテハチョウ科。北海道から九州、対馬まで分布。翅を広げると70㎜程度。翅は黒褐色の地に白の斑紋がある。幼虫はエノキ、エゾエノキなどを食べる。

(21) **オオムラサキ**　タテハチョウ科。日本の国蝶。翅の表側は光沢のある青紫色。北海道から九州まで分布し、人の手が適度に入った雑木林で生育する。幼虫はエノキ、エゾエノキの葉を食べる。

(22) **アカボシゴマダラ**　タテハチョウ科。ベトナム北部から中国大陸、台湾、朝鮮半島に分布する。日本では奄美大島に分布。白地に黒い線条が入り、後翅の外縁に鮮やかな赤い斑紋がある。近年、中国大陸産のものが関東に人為的に移入された。

(23) **ニジゴミムシダマシ**　ゴミムシダマシ科の甲虫。北海道から沖縄まで全国に分布。体長5～6㎜。体色は黒で、虹色の光沢がある。

(24)**クロカミキリ**　カミキリムシ科の甲虫。日本各地に分布。体長12～25㎜。体色は鈍い光沢を持つ黒色。マツ、スギなど針葉樹の倒木に多く見られる。幼虫は針葉樹の木材に穴を開ける。

(25)**クロタマムシ**　タマムシ科の甲虫。北海道から八重山諸島、小笠原諸島に至る広い範囲に分布。体長14～22㎜。体色は黒く、緑色や青色の光沢を持つ。針葉樹の倒木に生息する。

(26)**ヨツボシカミキリ**　カミキリムシ科。北海道南部から南西諸島まで広く分布。体長8・5～13・5㎜。赤褐色で、翅には明るい色の斑紋が4つある。幼虫はクリ、クヌギ、コナラ、ミズナラの枯木に穴を開けて生活する。

(27)**ルリボシカミキリ**　カミキリムシ科の甲虫。日本各地の山林に分布。明るい青の体色が非常に美しい。幼虫はクルミ、カエデ、ブナ、ニレなどの幹に穴を開ける。

(28)**日本環境財団**　環境庁所管の財団法人。人間と自然との共生、持続可能な循環型社会を実現するため、環境保護意識の啓発などさまざまな活動を行っている。

(29)**ウラクロシジミ**　シジミチョウ科。北海道南部から九州にかけて分布。中・四国、九州では山地性の希少種である。翅の表側は雄は銀白色、雌は灰褐色で外縁部が暗褐色。裏側は灰褐色で、黒い斑紋が特徴的。

(30)**ゼフィルス**　ミドリシジミ、ウラキンシジミ、アカシジミなど樹上性のシジミチョウの一群をまとめてこう呼ぶ。日本には25種のゼフィルスが存在する。

(31)**ウラナミアカシジミ**　シジミチョウ科。北海道、本州、四国に分布する。翅の色は橙色、裏側は黒い縦帯が波状に並んでいる。幼虫はクヌギ、コナラ、カシワなどを食べる。

(32)**アカシジミ**　シジミチョウ科。北海道から九州まで分布するが、四国、九州では少数。翅の地色は橙色で、表側の外縁部に黒縁がある。ウラナミアカシジミとは近縁種。

(33)**シシウド**　セリ科の大形多年草。本州から九州の山地、草原に分布する。

(34)**ハナカミキリ**　カミキリムシ科ハナカミキリ亜科の昆虫の総称。日本には150種以上が生息している。春から夏にかけて昼間活動し、花に集まって花粉を食べるものが多い。

(35)**ピドニア**　ヒメハナカミキリ属の総称。日本で種分岐が進み、種多様性が高いハナカミキリの一群。

(36)**ハナノミ**　ハナノミ科の昆虫の総称。体長1・5～15㎜。その名のとおり花に集まる種類が多いが、枯木や倒木を住みかにするものもいる。

(37)**カッコウムシ**　カッコウムシ科に属する昆虫の総称。熱帯地方を中心に世界中に分布し、日本でもおよそ50種類が知られている。体長3～4㎜で、細長い体形をしている種が多い。多くの種は肉食で、他種の幼虫などを食べる。

(38)**オトシブミ**　オトシブミ科の甲虫の総称。木の葉を巻いて作ったゆりかごの中に産卵する習性が特徴。若葉の上に飛来した雌は、葉の上を歩いて大きさを測り、先から一定の距離のところに切り目を入れる。口と脚を使ってしおれた葉をたたんで巻き、穴を開けて産卵する。

(39)**ヤママユ**　ヤママユガ科。翅を広げると140～150㎜に達する日本最大級のガ。翅の色は黄色から赤褐色まで幅広い。幼虫が作る繭からは天蚕糸が取れる。

(40)**ウスタビガ**　ヤママユガ科。日本本土に広く分布する。幼虫はクヌギ、コナラ、サクラ、ケヤキの葉を食べ、6月頃から繭を作る。繭は緑色をしており、ヤマカマス、ツリカマスなどと呼ばれる。

(41)**クスサン**　ヤママユガ科。日本全土に分布する大型のガ。翅を広げると90～120㎜程度。幼虫は多食性で、さまざまな樹木の葉を食べることで知られている。他の昆虫がほとんど食べないイチョウにも発生する。特にクリの葉を好み、クリケムシという名で呼ばれることもある。かつては繭をほぐしたものを栗綿と呼んで紡績に利用したり、幼虫の体内から糸を取って釣り糸に使用したこともあったという。

(42)**オオミズアオ**　ヤママユガ科。翅を広げると90～100㎜。青白色の細長い翅が特徴。北海道から屋久島まで、広い範囲に分布する。幼虫はバラ科、ブナ科、カバノキ科などの樹木の葉を食べる。

(43)**ヤンバルテナガコガネ**　コガネムシ科の甲虫。沖縄本島北部の「ヤンバル」と呼ばれる原生林にのみ分布。体長は最大60㎜を超え、日本最大の甲虫。

(44)**オオイチモンジ**　タテハチョウ科。旧北区に分布する。日本では北海道の山地、中部・関東の標高1000～2500ｍの高地に分布する。翅の表側は黒褐色で前翅に数個の白斑、後翅には白い横帯が走っている。裏側は橙色、白色、薄青色などカラフルで美しい。

(45) **ハンミョウ**　ハンミョウ科の甲虫。本州、四国、九州、対馬、屋久島に分布。頭は金緑色、前胸は金赤色、上翅は黒紫色で赤銅色の横帯と白色の横紋があり、非常に美しい昆虫として知られている。日当たりの良い砂地や山道に多く、人が歩くとその前を飛んでは止まるためにミチオシエ、ミチシルベとも呼ばれる。

(46) **トウキョウヒメハンミョウ**　ハンミョウ科の甲虫。京浜地方、静岡、北九州に分布。原種は台湾で、南西諸島には別の亜種も存在する。体長は8㎜程度。体色は黒褐色で、金属的な光沢がある。

(47) **コフキゾウムシ**　ゾウムシ科の甲虫。本州、四国、九州、八重山諸島に分布。淡緑色の粉末を身にまとっているように見えるが、実際は鱗毛と呼ばれる体毛である。体長3〜7㎜。

(48) **キリガミネヤブキリ**　ヤブキリはキリギリス科の昆虫。樹上にいることが多い点がキリギリスとは異なる。北海道以南に分布。体長は30〜37㎜。肉食性で、自分よりも大型のセミなどの昆虫を捕食することもある。キリガミネヤブキリはヤブキリの亜種で、本州中部に生息するとされる。

(49) **ネクイハムシ**　ハムシ科ネクイハムシ亜科の甲虫の総称。幼虫が水草の根を食べるためにこう呼ばれている。日本では23種が確認されている。

(50) **キイロネクイハムシ**　ハムシ科ネクイハムシ亜科の甲虫。戦後まもなく兵庫県宝塚で採集された例を最後に、数十年間発見されていない。2005年、北海道でキイロネクイハムシ属の別種が発見された。

(51) **ビオトープ**　生物が生活するための最小空間。野生動物が生きるための安定した環境のことであり、転じて人間が人工的に作った生物の生活空間のこと。

(52) **ギフチョウ**　アゲハチョウ科。本州のみに分布する日本の固有種。北限は秋田県、南限は山口県。翅を広げると50〜60㎜。幼虫はカンアオイ類の葉を食べる。関東や京阪神の都市部近郊では、都市開発のために絶滅した生息地も多い。

(53) **アオスジアゲハ**　アゲハチョウ科。本州、四国、九州、南西諸島各地に分布。翅は黒色で、縦に幅広く青い帯がある。幼虫はクスノキ、タブノキなどを食べる。

(54) **アオマツムシ**　マツムシ科。樹上に棲み、体色は鮮やかな緑色。明治時代に日本に入ってきた帰化昆虫で、原産地は中国大陸の南岸とされる。本州、九州の都市部や主要な国道沿いに分布している。

(55) **アメリカシロヒトリ**　ヒトリガ科。メキシコ以北の北アメリカに広く分布。終戦直後に関東に渡来し、本州北部から四国、九州北部にまで生息域を広げている。幼虫はサクラ、バラ、リンゴなど100種以上の樹木の葉を食べる。

(56) **ブタクサハムシ**　ハムシ科の甲虫。北アメリカ東部からメキシコが原産地。1969年に関東で生息が確認された。主な食草のブタクサもアメリカからの移入種である。

(57) **糞虫**　動物の糞に集まる甲虫の総称。特にコガネムシ科の食糞類に属する一群に、コブスジコガネ科とセンチコガネ科を加えたものをいう。北アメリカやオーストラリアの牧場では、家畜の糞を処理させるために糞虫を導入している。

(58) **オオセンチコガネ**　センチコガネ科の甲虫。日本全土に分布。体長は14～20㎜。背面は金赤、赤銅、金緑、藍色で金属光沢があり美しい。翅には縦に細かな筋がある。

(59) **ハセガワトラカミキリ**　カミキリムシ科。北海道、本州の一部に分布。体長7～15㎜。トラカミキリの仲間としては長い触角が特徴。幼虫はヤマブドウの枯死材を食べる。

(60) **フジミドリシジミ**　シジミチョウ科。北海道南西部、本州、四国、九州に分布。山地のブナ林に生息する。ミドリシジミの仲間では最も小さく、飛翔力も弱い。幼虫はブナ、イヌブナなどブナ科の葉を食べる。

(61) **グリーンアノール**　タテガミトカゲ科。北アメリカ南東部、米ヴァージニア州南部以南原産。全長15～20㎝。鮮やかな緑色だが、興奮すると背面は薄黄緑色から暗褐色まで変色するため、アメリカカメレオンという異名がある。1960年代に小笠原諸島に移入され、昼行性の昆虫を捕食し、いくつかの固有種は全滅の危機に瀕している。

(62) **アフリカマイマイ**　アフリカマイマイ科。東アフリカ原産の陸棲巻貝。20世紀前半にインド、東南アジアに広がり、第二次世界大戦中はミクロネシアまで分布を広げた。日本でも奄美諸島から小笠原諸島に分布し、2007年には鹿児島県出水市、指宿市で発見されている。好酸球性髄膜脳炎を引き起こす広東住血線虫を媒介する。

(63) **オオヒキガエル**　ヒキガエル科。北アメリカ南部から中央アメリカ、南アメリカ北部原産。体長90～150㎜。ムカデやサソリ退治のため、戦後小笠原諸島、八重山諸島に移入された。水生、地上性の昆虫が捕食され、絶滅した種も多いとされる。

(64) **ブラウンアノール**　タテガミトカゲ科。ジャマイカ、キューバなどの中米諸国原産。体長50～70㎜。体色は黒褐色で、生育環境によって多様に変化する。グリーンアノールに似ているが、グリーンアノールよりも地上生活に適しており、生存競争では優位に立つことが多い。

(65) **ワライカワセミ** カワセミ科の鳥。オーストラリア南方部に分布する。全長約45cm。さえずる声が人間の笑い声によく似ている。昆虫からネズミ、ヘビなどさまざまな小動物を捕食する。

(66) **ハゲコウ** コウノトリ科ハゲコウ属。全長1m、翼を広げる2mを超える大形の鳥。主に動物の死骸を食べるが、ネズミ、カエル、ヘビなどの小動物も食べる。かつてインドではオオハゲコウが街なかに棲んで、町の浄化に一役買っていた。

(67) **ヤマヒタチオビ** ヤマヒタチオビ科。フロリダ半島を中心とする北アメリカ南東部原産の陸棲巻貝。1960年代に、アフリカマイマイの天敵として移入された。

(68) **オガサワラシジミ** シジミチョウ科。小笠原諸島の固有種。現在確認できるのは母島のみ。個体数は数百匹以下だと推測されている。原因としてはグリーンアノールによる捕食のほか、開発や外来植物の侵入による食草の減少も挙げられている。

(69) **ルリセンチコガネ** センチコガネ科の甲虫。オオセンチコガネのうち、翅が藍緑色で紫の光沢があり、奈良春日山、紀伊山脈、鈴鹿山脈南部に生息するもののこと。

(70) **ドウガネブイブイ** コガネムシ科の甲虫。日本全土に分布。体長はおよそ25㎜。一般的なコガネムシよりも大きく、体色に美しい光沢がない。スギやブドウの葉を食べる。

(71) **マメコガネ** コガネムシ科の甲虫。日本各地に分布。体長は約10㎜。体色は黒色で、銅緑色の光沢がある。ダイズ、ブドウ、クリなど多くの植物の葉を食べる害虫。20世紀初頭にアメリカに侵入して大きな被害をもたらし、アメリカ政府は日本から天敵のマメコガネツチバチを移入して駆除に利用した。

(72) **ヒメサクラコガネ** コガネムシ科の甲虫。体長11〜16㎜。体色は黄褐色で、緑色の光沢を持つ。成虫、幼虫ともにダイズの葉や根を食べる。

(73) **ヒメコガネ** コガネムシ科の甲虫。日本各地に分布。体長は13〜16㎜。背面の色は赤銅色、緑銅色など変化に富んでいる。成虫はマメ類、ブドウ、クリなどの葉、幼虫は農作物の根を食べる。

(74) **キンスジコガネ**　コガネムシ科の甲虫。北海道、本州、四国に分布。本州では山地に生息する。体色は緑色で、金属質の光沢が非常に美しい。

(75) **キマワリ**　ゴミムシダマシ科の甲虫。体長15〜20㎜。日本各地の森林地帯に分布する。倒木や薪に集まる。幼虫は朽木や切り株の樹皮の下に生息する。

(76) **コロフォン（属）**　クワガタムシ科の甲虫。南アフリカの山地に生息する。後翅が退化し、飛ぶことができない。南アフリカの国内法で捕獲、国外持ち出しが禁止されている。

(77) **ニジイロクワガタ**　クワガタムシ科の甲虫。体長は60〜70㎜。ニューギニア南部、オーストラリア北部を中心に分布。体全体にタマムシのように美しい光沢があり、世界一美しいクワガタといわれている。

(78) **アカヘリエンマゴミムシ**　オサムシ科の甲虫。美麗、大型のゴミムシで、タイやラオスに産する。

(79) **ニジダイコクコガネ**　コガネムシ科の甲虫。南米にはテイオウニジダイコクコガネ、カガヤキニジダイコクコガネなど大型で美しい糞虫がたくさん生息している。

(80) **オジロアシナガゾウムシ**　ゾウムシ科の甲虫。本州、四国、九州に分布。体色は黒だが、翅の下半分など一部に白色の鱗毛が生える。

(81) **ヨーロッパミヤマクワガタ**　クワガタムシ科の甲虫。ヨーロッパ最大の昆虫。イギリス南部からヨーロッパ全域、ロシア南西部などに分布。体長50〜90㎜。１００㎜を超える大型もいる。日本のミヤマクワガタよりも飼育が難しい。

(82) **ゴライアスオオツノハナムグリ**　コガネムシ科の甲虫。アフリカ大陸に分布する。世界一重い甲虫とされ、体長は１００㎜を超える個体もある。日本でも人気があり、標本は高値で取引される。

(83) **カツオブシムシ**　カツオブシムシ科に属する昆虫の総称。成虫、幼虫ともに乾いた動物質や植物質を食べる。かつお節、魚の干物、革製品、穀物が被害にあうことが多い。

(84) **クマムシ**　緩歩動物門の動物の総称。体長１㎜以下の微小動物。乾燥すると体を縮めてボール状になり、乾眠と呼ばれる状態になる。乾眠状態のクマムシは非常に高い耐久性を誇り、７５０００気圧の高圧、絶対零度の極低温、さらには宇宙空間への直接露出などの過酷な環境にさらされたあとも、水分を与えればほぼ元どおりに活動できる。

(85) **アル・ゴア**　政治家、元アメリカ合衆国副大統領。1948〜。アメリカ・ワシントン出身。地球温暖化問題に警鐘を鳴らす彼の講演を中心にしたドキュメンタリー映画『不都合な真実』が公開され、話題となり、2007年にノーベル平和賞受賞。

(86) **ジェームズ・ハンセン**　アメリカ航空宇宙局・ゴダード宇宙飛行センター所属の科学者。1988年の米上院エネルギー委員会で、1980年代の温暖な気候は偶然ではなく、人為的な地球温暖化と関係していると証言した。

(87) **イチモンジセセリ**　セセリチョウ科、日本から東南アジアに分布する。イネの害虫として有名。

(88) **ゴマフカミキリ**　カミキリムシ科、ゴマフカミキリ属の総称。日本から東南アジアにかけてたくさんの種が分布する。

終章

虫が栄える国を、子どもたちに残そう——虫と共生する未来へ

普通の虫を増やしたい

池田　子どもたちにもっと虫捕りをさせたいね。『ムシキング』みたいなゲームには夢中になるけど、昆虫採集までは行かないんだよね。みんな昆虫採集の楽しさを知らないから。

奥本　ゲームって、習熟すると、ある程度反応がわかってきて、高得点を重ねていけるけど、虫はなかなか予測できませんからね。もっといろいろな条件があるから。

養老　だから、子育てに必要なんです。

奥本　今僕が考えているのは、虫が棲める環境を整えることなんです。都内でも、大学の隅っこのほう……体育館の裏とかテニスコートの裏とか、そういうところにあるいびつな土地には、予算があっても学校側は大きな建物を建てられないんですよ。そうやって放置されている土地に、けっこういろいろな虫がいます。東京の文京区で言うと、お茶の水女子大学でも、今僕らがそこに手を入れているんだけど、そういうところで虫を増やして、次は学習院大学、日本女子大学、護国寺……って、虫が棲める場所がつながっていくと、チョウがどんどん行ったり来たりすると思う。チョウだけじゃなくて、カミキリだってなんだって増やしたいんですよ。ルリタテハとかキタテハ(1)とか、いわゆるド普通種の虫が減ってしまったから、普通種を増やしたいんです。

池田　原生林にいるような珍しい虫は、生息地を国立公園特別保護区とかにして放っておけばいいから、そういう虫は減らないんです。里山の虫とか都市の虫とか、人間が住む場所では虫の環境が激変しているから、昔は普通にいた虫がどんどん減っているんですよね。

奥本　だから、あのあたりに、虫の入った薪とかシイタケの榾木をいっぱい積んでおこうかなと思っているの。

池田　それは、いい考えですね。たしかに林業も、昔は山に材を積んでいたけど、今は林からじかに持ってきちゃうでしょ。それで、カミキリなんかが減ったよね。

養老　材を置いておく土場《どば》もないから。

池田　まったく土場がない。だから、切った木をいきなりトラックに積んで運んじゃう。昔は倒したあと、とりあえず積んでおいたんです。

奥本　積んでおくことで、枯れ具合がちょうどよくなって、カミキリがどんどん卵を産みに来ていた。

池田　そうそう、虫の宝庫だったよね。だから僕らが山に行ったときには、とにかく土場を見つけてそこで捕る。そこで粘る。そういう感じだった。今は土場そのものがないですから。

奥本　昔の昆虫採集の本を読むと、「農家の裏に積んである薪の山の中に、ルリボシカミキリがいるかもしれません」なんて書いてあったけどね。

何でもいいから、生き物を相手にしよう

養老　今、子どもたちに虫捕りをさせるなら、まずは虫の探し方や捕り方を教えないとダメですね。

奥本　池田さんは、捕虫網を振らせたら日本一だから(笑)。

池田　そんなことないって。

奥本　いやいや。捕虫網を持たせたら、天下に敵なしの名人ですよ。もちろんあれ、自己流でしょう?

池田 捕虫網も、気合です（笑）。教えられるものじゃないな。

養老 池田君の捕虫網さばきには、つくづく感心する。省エネでやっているんだよね。長ーい網を持つでしょ。あれ、すごく疲れるんだよね。でも、池田君は実に堂に入っていて、長時間持ち続けることができる。俺なんか、二、三回振ったら、重くていやになっちゃうもん。

池田 僕だって重いんですよ。だから、とにかく疲れないように、ぐうたらぐうたらやっているんです。

養老 さっき言った虫取り名人の若原君みたいに、隙のない人はぼんやりと、ふわっと立ってるんだよね。ぐうたらぐうたらやるのが、実は最も合理的な動きなんだ。虫を捕るだけでも、そういうふうに、いろいろな動きを体で覚えていく。それって、実はものすごく大きな教育なんだよね。

奥本 構えがガチガチな人は、絶対に捕れないですよね。ふわっと立っているつもりでも、思いがけない珍品が現れるとガチガチになって逃がしてしまうんだけど（笑）。

養老 頭が固い人って、動きも硬いんですよ。体が硬い。

奥本　やっぱり、小さいときから捕らないとね。トンボ釣りとか、魚すくいとか、何でもいいから生き物を相手にするのがいいんだな。

池田　僕らが子どもの頃は、魚捕りばっかりしていました。

養老　俺もだよ。

池田　昔の子どもは、全員やっていましたね。

奥本　驚くべきことに、今では大学の教育学部で、生物の学生に昆虫採集を教えているんです。

一同　……。

奥本　二十歳になって初めて捕虫網を持たされても無理ですよ。捕っているところを見ても、全然ダメ。へっぴり腰で、「上からかぶせたら下に逃げちゃうでしょ」とか、先生に怒られている。

池田　まあ、しようがないけどねえ。山梨大学に勤めていたときに、時々学生を連れて虫捕りに行っていたんだけど、俺が網を振ると、女の子たちに「ウォーッ」って拍手されたりして。

養老　「芸人じゃん！」なんてね（笑）。

池田　「先生、すごい！」「まるで先生じゃないみたいですよ」とか（笑）。

奥本　喜んでいるじゃない（笑）。それはともかくとして、虫を見たら捕りたくなるのが当たり前なんだということを、まず知ってもらいたいんです。近頃のお母さんや学校の先生は、「虫は見ているだけにしなさい。触っちゃダメ」って言うでしょう。自分が触りたくないからさ。うちの昆虫館ではザリガニ釣りをやらせていて、何匹か釣ると一匹持って帰っていいことになっているんだけど、迎えに来たお母さんが「もらってこないって、約束したでしょ！」って、ヒステリーを起こすんだ。男の子が「まあ、まあ」なんて、うまくあしらっている（笑）。で、「殺すな」でしょ。「放してあげましょう」「針を刺してはいけません」ですからね。

養老　それなら、テレビでも見ていればいいんだよ。『どうぶつ奇想天外』とか『アニマルプラネット』とか、たくさんあるじゃないか。

奥本　それから、「飛んで逃げるものを捕る」という感覚ね。それは本来、人間に備わったものでしょ。狩猟本能みたいなものですよ。それがない動物って、非常に無力な、ヘンな動物だと思いますよ。

池田　一万年ちょっと前までは、人類はみんな狩猟採集民だったのにね。子どもの頃は、捕ること自体が面白くて捕っていましたけど。

奥本　魚を見たら捕りたくなるでしょ。トンボを見たら、網で捕りたくなるじゃないですか。そういうことを全然感じない子どもがいたら、それはインポテンツになるんじゃないの？　だから、何をしていいかわからなくて、室内でずっと殺人ゲームをやっている子が増えて、一度本物の人を殺してみたいってことになるんじゃないのかな。あの市街戦そのものみたいなゲームのＣＭを見ていると、本当にやってみたくなる奴が出てくると思うな。

池田　われわれには本来、捕りたいという欲望があるんですよね。しかし、現代社会ではそういう欲望をストレートに出してはいけないことになっているから、どこかに歪みが生まれる。だから、いきなり人を殺したりするんだよね。

養老　辛抱ができないんです。虫捕りに行けば、努力、根性、辛抱が絶対に身に付きますよ。「ちっとも捕れねえ」とかぶつぶつ文句を言いながらも、みんな辛抱するから。

自分の手で虫を捕る喜びは、何物にも代えがたい

池田　珍しいカミキリムシを屋久島なんかに捕りに行きますよね。そうすると、一年に二頭とか三頭しか捕れない虫がいるわけです。ヤクシマホソコバネカミキリ[2]というハチそっくりの、超弩級の珍品の虫がいて、いちばん来そうなところで待っている。朝から晩まで、一週間も待っているわけ。それでも一匹も来ない。でも、もしかしたら明日来るかも、その次の日に来るかもって、根性、辛抱以外の何ものでもないわけですよ。

養老　端から見たら完全に馬鹿だって（笑）。

池田　カミキリじゃなくてハチだろうと思っても、なにか虫が来ると捕ってさ。やっぱりハチだったって。違うなとわかっていても、来ると捕っちゃうんですよね。

奥本　だけど辛抱しながら、その一方で「今来るか、今来るか」と期待して、緊張しているから、ちっとも退屈じゃない。それと、若いときは、それに貧乏が加わる。貧乏が入ったほうがいいよ（笑）。

池田　ツジヒゲナガコバネカミキリ[3]というのは僕が記載した虫で、学名で「Tsujiusitoi」と言って、長野県の戸台周辺にしかいない虫なんですけど、二〇〇七年に、七年

目にしてやっと捕った。毎年毎年五日か六日捕りに通っていたから、延べにしたら四十日近くかけてやっと捕ったんです。

養老　短い一生を無駄なことに使ったな（笑）。

奥本　最近は甲虫屋さんが、すごいトラップを工夫していますよ。たとえば、地面に低い透明のガラス板を立てるでしょ。そこに虫がコーンと当たる。そして、下には水が張ってあるわけ。それを使ってみたら、今まで捕れなかった虫がいくらでも捕れた。

養老　こんなに虫がいるとは思わなかったっていうくらい捕れるね。普通のピカピカの下敷きでいいんだよ。それをぶら下げて、下に落ちた虫が逃げないように水を張っておけばいいの。

池田　カナブンみたいな虫は、下にピカピカなものがあると方向感覚が狂うんですよね。台湾の採集人が言うには、上空に飛んできたのが、そこでくるっとひっくり返って、ピッと落ちてくる。それを捕ればいいんだって。

養老　俺、本当はそういうの嫌いなんだよね。どこにいるかというつながりがないと面白くない。自分で探して捕るのが好きなんだ。

池田　それ、わかりますよ。僕もトラップはあまり好きじゃない。やっぱり自分で探して捕るのがいちばん面白いですよね。

奥本　底引き網でごっそり捕るみたいなものですよね。一本釣りがいい。

養老　なんていうか、効率を良くするというのは、あまり面白くない。やっぱり捕虫網ですよ。捕虫網での虫捕りは武道なんだよ。俺は下手なほうに自信あるけど。

池田　甲虫を捕るのは、チョウを捕るのとは違いますよね。

奥本　博物学者のウォレス(4)だったかな。マレー諸島でジャングルに行って、木を切り倒したばかりのところでカミキリムシを大量に捕って、大喜びしていますよね。そりゃあ、すごい量の虫が出てきたと思う。一八〇〇年代のマレー諸島で木を大量に切ったんだからね。

養老　新種ばっかりだ。

奥本　大型の新種までいっぱい。

養老　それでウォレス線まで発見したんですからね。

池田　そういう発見が面白いところというのはだんだん少なくなっていますけど、自分でいろいろ工夫して、我慢して、辛抱して、やっとの思いで捕れたときの喜びって、何物にも代えがたいですよね。

奥本　標本を買っても嬉しいんだけどね。

池田　欲しいものが手に入ったという意味では嬉しいですけど、自分で捕ったらやっぱり喜びもひとしおで。

奥本　それは比べものにならないね。

養老　そういう喜びを、今の子どもたちにも味わってもらいたいということです。

「むしむし探し隊」、活動開始！

池田　その最初のステップとして、今年から僕ら三人が監修について「むしむし探し隊」というプロジェクトをスタートさせたんですよね。

奥本　この夏、セミの鳴き声を聞いたら、それをインターネットで報告してもらうということを、まずはやったわけです。対象にしたのはニイニイゼミ、クマゼミ、ミンミンゼミ、アブラゼミ、ヒグラシ、ツクツクボウシの六種類で、いつ、どこで聞いたのかとか、インターネットで毎日入力してもらうかたちでね。

養老　結局、データはどのくらい集まったの。

池田　一人が一回聞いた場合を一つのデータとして計算すると、五万ちょっと集まったみたいです。

養老　けっこうたくさん集まったんだな。

池田　みんながみんな虫屋というわけじゃないから、どうしても聞き間違いはあるけどね。なにしろ、北海道からクマゼミの報告が来ているんですから。

養老　データは全国から来ているわけだ。そこから見えてきた傾向というのはありますか。

奥本　そういうはずれ値みたいなものを省いても、なかなか面白い結果が出ていますよ。たとえば、セミの鳴き始めの時期については、「関東以北では例年より遅め」「東海以西では例年より早め」というのが多かった。それで六月の最低気温を調べたところ、鳴き始めが遅い地域は、平年より一℃以上気温が低かったことがわかった。

養老　鳴き始めの時期に気温が関係しているかどうかは、毎年データを取らないと、なんとも言えないけどね。

池田　もちろん、厳密に言えばそうなんですけどね。ただ、「むしむし探し隊」に参加している子どもにとっては、自分がセミの鳴き声を聞いて報告したことが、こういう結果になって出てくるというのは面白いんじゃないかな。

奥本　そうだね。虫でも自然でも学問でもいいんだけど、そういうことに興味を持つきっかけにしてほしいということなんだよね。

養老　もちろん実際の虫捕りにも挑戦してほしい。ただ、セミの鳴き声が聞こえましたというだけじゃなくて、自分の手で捕まえて報告するようになってほしいね。

池田　このプロジェクトはとりあえず五年間はやる予定なので、一人でも多くの子どもが虫に親しんでくれるようになれば、僕らもとても嬉しいよね。さらにそこから立派な虫屋が育ってくれれば、もう言うことなし！（笑）

注

(1)**キタテハ**　タテハチョウ科。北海道から九州にかけて分布。翅を広げると60㎜程度。翅の表側は橙色で黒班がある。裏側は枯れ葉模様になっている。幼虫はアサ、ホップなどのアサ科植物の葉を食べる。ルリタテハなどと同じく、成虫の状態で越冬する。

(2)**ヤクシマホソコバネカミキリ**　カミキリ科ホソコバネカミキリ亜科。通称「ヤクネキ」。「ネキ」とはホソコバネカミキリ亜科に属するカミキリの通称。体長23～26㎜。屋久島にのみ生息する。胴体は非常に細い。普通のカミキリとは違い翅を覆う堅い殻がなく、ハチのように翅が露出している。

(3)**ツジヒゲナガコバネカミキリ**　カミキリ科。学名Tsujius itoi K.IKEDA,2001。この種を最初に捕った辻栄介、伊藤秀史両氏の名を取って命名された。長野県長谷村（現伊那市）で採集されている。

(4)**アルフレッド・ラッセル・ウォレス**　博物学者、生物学者。1823～1913。南米アマゾンと東南アジアマレー諸島を探査し、ダーウィンと同時期に進化論につながる論文を発表した。インドネシアのバリ島とロンボック島の間で分布する生物に大きな違いがあることを発見。現在はウォレス線と呼ばれている。

あとがき

前回この三人で鼎談『三人寄れば虫の知恵』（洋泉社）を出してから十二年経った。

その間に虫の数はさらにまた減少したようである。

無茶苦茶な大開発は不景気のためにひとまず止まり、ダムも道路も新しい計画はなかなか立たないようだけれど、二十年前、三十年前の〝約束〟が実行されている。環境は、特に水質など、ひところより良くなったように見えるのだが、人間が自然に与えたダメージは、ボディーブローのように今になって効いてきている感じがする。

一見、食餌植物などがそろっていて、それを食べる虫がいてもいいはずの環境に、不思議に虫がいないのである。どうやら土壌微生物のレベルで、自然の力が衰えてしまっているのではないか。日本中の農地、庭園、ゴルフ場に化学物質が濃厚に染み透っているのだろう。

一方で、日本人の虫についての〝常識〟も貧相なものになってきている。花鳥風月の伝統、などと贅沢なことを言っても、もはや仕方がないけれど、自然に対する感覚が鈍くなっている。子どもはきれいな本で虫についての断片的な知識は得ることができるけれど、虫が実際に身のまわりにいないから、体験がなく実感がない。〝生き虫〟などといって、外国産の有名昆虫を飼育することが流行っているが、特定の虫を買ってきて、室内でマニュアル通りに飼うのと、自分で採集して飼育するのとでは、根本的に違う。山に入って虫を探して捕るとか、水田でヤンマを捕るとか、池や沼の中をじっとのぞいて、虫や小魚を掬いとるといった行為には、クリエイティヴな要素が伴う。創意工夫をする、カンを働かせる、気配を感じ取る、じっと忍耐する、そしてタイミングをはずさず俊敏に動く、などの要素が必要なのである。そしてこれらの能力は本来、人間に要求される必須のものであった。

標本を作れば器用さが養われるし、美意識、センスなどというものも育ってくる。そしてその虫について文献を調べることから、文章を読み、考え、不思議に思い、学問の世界に入っていくということもある。

まず実際に虫に触る、そしてできれば精確に絵に描いてみる、そして本でしっかり調べるという順序を踏むべきであろう。

渋谷の宮益坂《みやますざか》に「志賀昆虫普及社」という採集用具、標本製作用具の老舗があった。その店主で、この世界で大きな功績をあげられた、自伝『日本一の昆虫屋』でも知られる志賀夘助《うすけ》さんが一〇三歳で亡くなられ、その店がこの八月に渋谷の一等地から品川の方に移転した。西日暮里の「虫友社《ちゅうゆうしゃ》」も昆虫器具の販売は止めるという。

かつては、昆虫採集用具はどこのデパートでも売っていたし、学校の前の、お婆ちゃんがひとりで店番をしているような文房具店でも「昆虫採集キット」を売っていた。青や赤の注射液、そしてもちろん注射器もついていた。

今は百円ショップなどという便利なものがあっていい工作材料が買えるから本を見て展翅板《てんしばん》ぐらいは自分でも作れるけれど、どうにもならないのは昆虫針である。一本一本頭をつけて先を研ぐなどというのは大変な技術なのである。そのうち、日本で最初に西洋式の昆虫採集をして一八六七年のパリの万博に出品した田中芳男のように、我々も針の入手に苦労するようになるのであろうか。

有名昆虫の飼育は、バーチャルな虫ゲームよりはずっといいけれど、生き物を、その住んでいる環境から完全に切り離してペットとして育てることには、異国の巨人や王子や姫君をガラスの城に幽閉して、終身刑に処しているようなところもある。もっとも、いい条件で飼育して、野外では見られないような素晴らしい個体を育て上げる、というか、作出する技術と情熱には称賛を惜しまないけれど、子どもが始めからペットとして育てて、しかもすぐ飽きてしまうというのは困るのである。虫に対する愛着は生まれるかもしれないが、生命に対する畏敬の念を育むことにはならないのである。

二〇〇八年十一月十日

奥本大三郎

〈むしむし探し隊プロジェクト〉

子どもたちに虫を好きになってもらおう、虫捕りを通じて自然に親しんでもらおうというプロジェクト。監修＝養老孟司・奥本大三郎・池田清彦先生。

公式ウェブサイトは http://www.64tai.com。

二〇〇八年夏には、全国の隊員の協力でセミの鳴き声についての調査を実施。ウェブサイト上の「ニッポン全国セミマップ」は、隊員が入力したセミのデータがリアルタイムで日本地図上に表示されるシステム。

二〇〇九年以降も、継続してセミの鳴き声をはじめとしてさまざまな虫の調査を行っていく予定。

現在、NPO法人としての認可を申請中。

お問い合わせは公式ウェブサイト、または ask@64tai.com へ。

養老孟司
1937年、神奈川県鎌倉市生まれ。解剖学者。心の問題や社会現象を脳科学や解剖学を主軸に幅広い知識から解説するわかりやすさに定評がある。著書は『バカの壁』『唯脳論』など。

池田清彦
1947年、東京都生まれ。生物学者。構造主義生物学の観点から生物学や科学の分野に留まらず、様々な分野で著述を行なう。著書は『環境問題のウソ』『昆虫のパンセ』など。

奥本大三郎
1944年、大阪府生まれ。仏文学者。仏文学の研究・教育のほか、日本昆虫協会会長、アンリ・ファーブル会理事長をつとめる。著書は『虫の宇宙誌』『完訳ファーブル昆虫記』など。

小学館101新書
014

「脳化社会」の子どもたちに未来はあるのか
虫捕る子だけが生き残る

二〇〇八年十二月六日　初版第一刷発行
二〇一七年九月六日　第二刷発行

著者　養老孟司／池田清彦／奥本大三郎
発行者　杉本　隆
発行所　株式会社小学館
〒一〇一-八〇〇一　東京都千代田区一ツ橋二-三-一
電話　編集：〇三-三二三〇-五四七〇
販売：〇三-五二八一-三五五五
装幀　おおうちおさむ
製作会社　昭和図書株式会社

Printed in Japan　ISBN 978-4-09-825014-1

小学館101新書

好評既刊ラインナップ

001
読書進化論
人はウェブで変わるのか。本はウェブに負けたのか
勝間和代
経済評論家でベストセラー作家の勝間氏は、本で「成功と自由」を手に入れてきた。著者を「進化」させた本と本をめぐる技術のすべてを紹介。

003
結婚難民
佐藤留美
《ルブタン女》《クーガー女》《デートDV女》・・・。こんな「結婚してはいけない女」が増殖中。したくてもできない「ロスジェネ男」応援本。

005
教育格差の真実
どこへ行くニッポン社会
尾木直樹
森永卓郎
自然現象でも歴史的必然でもない〝ニッポンの格差〟の真実を二人の論客が経済と教育の両面から明快に解き明かす！

006
貧格ニッポン新記録
ビートたけし
週刊ポストで25年以上続く名物時評の最新傑作選。もはや品格が貧格に堕したニッポンを笑う警世の書。東国原知事との対談も収録。

007
人間関係力
困った時の33のヒント
齋藤 孝
人間関係のストレスは、ビジネス、プライベートを問わず、生きていく上での最大の抵抗力だ。古今東西33人の賢者に、活路を拓くヒントを学ぶ。